絵で見てわかる
Linuxカーネルの仕組み

市川正美／大岩尚宏
島本裕志／武内 覚
田中隆久／丸山翔平＝著

本書内容に関するお問い合わせについて

このたびは翔泳社の書籍をお買い上げいただき、誠にありがとうございます。弊社では、読者の皆様からのお問い合わせに適切に対応させていただくため、以下のガイドラインへのご協力をお願い致しております。下記項目をお読みいただき、手順に従ってお問い合わせください。

●ご質問される前に

弊社Webサイトの「正誤表」をご参照ください。これまでに判明した正誤や追加情報を掲載しています。

正誤表　https://www.shoeisha.co.jp/book/errata/

●ご質問方法

弊社Webサイトの「書籍に関するお問い合わせ」をご利用ください。

書籍に関するお問い合わせ　https://www.shoeisha.co.jp/book/qa/

インターネットをご利用でない場合は、FAXまたは郵便にて、下記"翔泳社 愛読者サービスセンター"までお問い合わせください。
電話でのご質問は、お受けしておりません。

●回答について

回答は、ご質問いただいた手段によってご返事申し上げます。ご質問の内容によっては、回答に数日ないしはそれ以上の期間を要する場合があります。

●ご質問に際してのご注意

本書の対象を超えるもの、記述箇所を特定されないもの、また読者固有の環境に起因するご質問等にはお答えできませんので、予めご了承ください。

●郵便物送付先およびFAX番号

送付先住所　　〒160-0006　東京都新宿区舟町5
FAX番号　　　03-5362-3818
宛先　　　　　（株）翔泳社 愛読者サービスセンター

※本書に記載されたURL等は予告なく変更される場合があります。
※本書の出版にあたっては正確な記述につとめましたが、著者や出版社などのいずれも、本書の内容に対してなんらかの保証をするものではなく、内容やサンプルに基づくいかなる運用結果に関してもいっさいの責任を負いません。
※本書に掲載されているサンプルプログラムやスクリプト、および実行結果を記した画面イメージなどは、特定の設定に基づいた環境にて再現される一例です。

※本書に記載されている会社名、製品名はそれぞれ各社の商標および登録商標です。

はじめに

　本書は、Linuxカーネルについて初級者向けに解説した書籍です。本書の読者としては、Linuxをある程度は使えるようになって、次のステップとしてカーネルについて学習したいと思われた方を想定しています。

　他の書籍とは違い、本書ではカーネルのビルドやカスタマイズ方法の説明や、カーネルのソースコードは載せずにカーネル内部の仕組みについて説明しました。「絵で見てわかる」シリーズなので図を多用したのはもちろんですが、コマンド実行など具体的な操作も含めて説明しているので、より理解がしやすいはずです。また本書の解説範囲としては、カーネルについて知っておくべきコンポーネントに限定しました。アプリケーションの動作やシステム構成に必要と考えられるものに注目し、タイマー管理や各種ドライバについては割愛しています。

　Linuxカーネルは日々進化しており、各分野で追求された機能が実装されています。Linuxカーネルを業務に活かすためには、基本をしっかり学ぶのはもちろんのこと、最新の情報も知っておくべきと判断し、本書ではできるだけ新しい機能も取り上げました。具体的には仮想化やコンテナ、XDP、cgroup v2、eBPFなどが挙げられます。新機能と随所に深堀りした内容があるので、結果としてベテランエンジニアにとっても学びがある内容となったはずです。

　また、セキュリティへの注目は以前より増してきています。しかしセキュリティについて幅広い知識を持っているエンジニアは少ないのも事実です。そこで本書ではLinuxカーネルに限定せず、セキュリティ全般についても解説しました。各セキュリティ機能に知見のあるエンジニアからヒアリングをしてまとめたので、ぜひ読んでいただきたい内容です。

　本書でカーネルについて学んだことを業務などに活用できたり、Linuxカーネルに興味を持っていただけたら幸いです。

最後に、本書の執筆にあたり、このような機会をくださった翔泳社 山本智史さん
に感謝いたします。第3章、第11章を担当してくださった市川さん、第10章を担当
してくださった丸山さん、執筆スケジュールの途中から、短期間であったにもかかわ
らず第8章のXDPを担当してくださった田中さん、お忙しい中執筆していただきあり
がとうございました。執筆を快諾してくださった島本さん、武内さんにも感謝いたし
ます。武内さんには本書の構成の検討から参画していただきました。またレビューを
していただいた池田宗広さん、安部東洋さんにも改めて感謝いたします。

　多くの方のご協力により、良書になったと確信しております。

著者を代表して
大岩 尚宏

CONTENTS

はじめに　iii

第1章　Linuxカーネルの基本　1

1.1　Linuxカーネルとは？……2

1.2　Linuxカーネルのソースコード……3

1.3　Linuxカーネルのバージョン……4

1.4　カーネルの学習法……6

1.5　カーネルを理解する際に必要な知識……9

　1.5.1　カーネルコンフィグ……9

　1.5.2　カーネルパラメータ……12

　1.5.3　カーネルモジュール……13

　1.5.4　割り込み……16

　1.5.5　ユーザ空間とカーネル空間……17

第2章　プロセススケジューラ　21

2.1　プロセススケジューラとは？……22

2.2　スケジューリングポリシー……28

2.3　CFS……32

2.4　リアルタイムスケジューラ……36

2.5　デッドラインスケジューラ……41

第3章　メモリ管理　45

3.1　メモリ管理とは？……46
3.2　メモリ確保の仕組み……46
3.2.1　VSZ、RSS、PSS……49
3.2.2　オーバーコミット……50
3.2.3　メモリの回収……50
3.3　Linuxでのメモリ管理……53
3.3.1　Buddyアロケータ……53
3.3.2　スラブアロケータ……54
3.3.3　スラブを管理するデータ構造……60
3.3.4　スラブオブジェクト確保と解放時の挙動……61
3.3.5　SLABアロケータのセキュリティ機能……65
3.4　vmalloc……69
3.4.1　vmalloc() とページアロケータ・スラブアロケータの使い分け……72
3.4.2　Virtually Mapped Kernel Stack……72
3.4.3　利用しているメモリ状況の確認……73

第4章　ファイルシステム　75

4.1　ファイルの構造……76
4.2　ルートファイルシステムのマウント……78
4.2.1　/binと/sbinを/usr/binと/usr/sbinに統合……80
4.3　ファイルの種類……81
4.3.1　ファイルの種類の確認……82
4.4　VFS……83
4.4.1　inode……84
4.5　通常ファイルにおけるファイルシステム……84
4.5.1　ext4……85
4.5.2　VFAT……87
4.5.3　Btrfs……87
4.6　メモリファイルシステム……88
4.7　疑似ファイルシステム……88

4.7.1 devtmpfs……89

4.8 その他のファイルシステム……92

第5章 ブロックI/O……93

5.1 ブロック層……95

5.1.1 HDDの特徴……95

5.1.2 I/Oスケジューラ……96

5.1.3 readahead（先読み）……99

5.2 技術革新に伴うブロック層の変化……100

5.3 さまざまなI/Oスケジューラ……100

5.4 ストレージデバイス名……102

5.5 さまざまなブロックデバイス……104

5.5.1 準仮想化デバイス……105

5.5.2 ループデバイス……105

5.5.3 brd……107

5.5.4 zram……109

5.5.5 bcache……110

5.5.6 Linux Software RAID……114

第6章 デバイスマッパ 119

6.1 linear ターゲットによるデバイスのリニアマップ……120

6.1.1 作成方法……121

6.1.2 確認……124

6.1.3 後処理……125

6.2 linearターゲットの活用事例……125

6.3 flakey ターゲットによるI/O 失敗のエミュレーション……128

6.4 delay ターゲットによるI/O 遅延のエミュレーション……131

6.5 crypt ターゲットによるディスクの暗号化……132

6.5.1 plainモードの使い方……132

6.5.2 plainモードの問題点……134

vii

6.5.3　LUKS……135

6.5.4　関連するターゲット……137

第7章　LVM　139

7.1　LVMとは？……140

7.2　LVMの使い方……140

7.2.1　LVMとデバイスマッパの関係……143

7.2.2　オンラインリサイズ……145

7.2.3　スナップショット……148

7.2.4　作ったLVの削除……151

7.3　thin LV……152

7.3.1　使い方……153

7.3.2　thin poolの拡張……156

7.3.3　thin LVのスナップショット……157

7.3.4　thin LVとデバイスマッパ……158

7.4　普通のLVとthin LVの比較……160

第8章　ネットワーク　161

8.1　ネットワークの仕組み……162

8.1.1　リンク層……162

8.1.2　ネットワーク層……162

8.1.3　トランスポート層……163

8.1.4　アプリケーション層……164

8.2　ソケットインタフェース……165

8.3　ネットワークインタフェース……166

8.4　Wireshark……169

8.5　XDP……173

8.5.1　XDPとは？……173

8.5.2　XDPの特徴……174

8.5.3　XDPのパケット制御……175

8.5.4　XDPの動作モード……176

8.5.5　XDP NativeモードにおけるAF_XDPの動作モード……177

8.5.6　XDP関連コマンド……178

8.5.7　ethtoolコマンド……180

8.5.8　bpftoolコマンド……182

8.5.9　ipコマンド……183

8.6　XDPプログラム開発……184

8.6.1　XDPライブラリ……184

8.6.2　サンプルプログラム……185

8.7　Multipath TCP……186

8.7.1　MPTCP 利用可否の確認……186

8.7.2　テストプログラムで試してみる……187

第9章　セキュリティ　193

9.1　代表的なセキュリティ対策……194

9.1.1　外部からの侵入の阻止……194

9.1.2　アクセス制御……194

9.1.3　TrustZone……197

9.1.4　脆弱性対策、アップデート……200

9.1.5　難読化……201

9.1.6　セキュリティ監査ツール……201

9.1.7　その他の対策……203

9.1.8　セキュリティ設計……204

9.2　USBGuard……205

9.2.1　USBデバイスのブロック、切断……206

9.2.2　ルールについて……208

9.2.3　usbguard-daemonの設定……209

9.2.4　udevdとの比較……209

9.2.5　USBデバイスの判別の仕組み……211

9.2.6　認証……211

9.3　LOCKDOWN……213

9.3.1　integrity……215

ix

9.3.2 confidentiality……217

9.4 memfd_secret……218

9.4.1 使用方法……219

9.4.2 使用用途……220

第10章 仮想化①：ハイパーバイザ 221

10.1 ハイパーバイザとは？……222

10.1.1 ハイパーバイザの種類……222

10.1.2 完全仮想化と準仮想化……223

10.2 使い方……224

10.3 ディスク……226

10.3.1 ディスクイメージフォーマット……226

10.3.2 ディスクキャッシュモード……228

10.3.3 ディスクパフォーマンスの向上……229

10.4 VFIO……230

10.4.1 VFIOの仕組み……231

10.5 VirtIO……233

10.5.1 VirtIOの利用方法……235

10.5.2 VirtIOの仕組み……236

10.6 CPU Affinity……238

10.6.1 CPU Affinityとは？……238

10.6.2 CPU Affinityの利点……239

10.6.3 QEMUでの利用……240

10.6.4 CPU Isolation……241

第11章 仮想化②：コンテナ型仮想化 243

11.1 コンテナ型仮想化の基礎……244

11.1.1 コンテナ型仮想化の仕組み……244

11.1.2 コンテナ型仮想化の応用技術……245

11.2 名前空間（Namespaces）……246

11.2.1 名前空間とは？……247

11.2.2 名前空間の移動……247

11.2.3 名前空間のオペレーション……251

11.2.4 各名前空間の概要……252

11.3 コンテナ型仮想化の周辺技術……255

11.3.1 コンテナ管理……256

11.3.2 ストレージ管理……256

11.4 コンテナのセキュリティ……264

11.4.1 Linuxのシステムコールを制限する機能……264

11.4.2 dockerで実行できるシステムコールを制限する……267

11.5 cgroup……268

11.5.1 cgroupのマウントポイントとコントローラ……269

11.5.2 cpuコントローラ……271

11.5.3 memoryコントローラ……274

11.5.4 その他のコントローラ……277

11.5.5 その他の機能……279

第12章 トラブルシューティング、デバッグ概要 281

12.1 ASan……282

12.1.1 使用方法……282

12.1.2 LSan……287

12.1.3 MSan……288

12.1.4 UBSan……289

12.1.5 TSan……291

12.2 ftrace……293

12.2.1 関数トレース……293

12.2.2 トレース情報の制限……296

12.2.3 イベントトレース……298

12.2.4 トレースデータの取得方法……301

12.2.5 その他のツール……302

12.3 PSI……303

12.3.1 PSIの使用方法……303

12.3.2　CPUリソース……304

12.3.3　メモリ回収……305

12.3.4　I/O完了待ち……306

12.3.5　しきい値による非同期での監視……306

12.3.6　cgroup……307

12.4　hwlat……307

12.4.1　遅延検出の仕組み……307

12.4.2　hwlatの使い方……308

12.5　eBPF……311

12.5.1　bpftrace……313

12.5.2　カーネルソースコード内のeBPFサンプル……315

INDEX　317

著者について　322

第1章

Linuxカーネルの基本

1.1 Linux カーネルとは？

本章ではLinuxカーネルの基本について説明します。

LinuxカーネルとはLinux OSの主要コンポーネントであり、アプリケーションを動作させるための基本システムを提供する大きなプログラムです。Linuxカーネルはファイルの操作やネットワーク通信の仕組みを提供していますが、見えない部分も管理しています。Intel、ARM、MIPS、PPCなどさまざまなCPUに対応しており、メモリのアドレス解決や時間管理も行っています（図1.1）。

これらは何らかのハードウェアに関連しています。ファイルであればディスク、ネットワークであればネットワークデバイスと連携することになります。

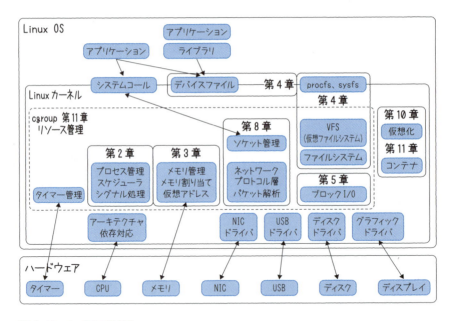

図1.1　Linuxカーネルの基本図

つまりLinuxカーネルはハードウェアを直接制御するソフトウェアでもあり、アプリケーションにとって使いやすい環境を整備しているものだともいえます。

Linuxカーネルを構成するそれぞれのコンポーネントについては、最新機能も含めて後の章で説明します。具体的には、プロセススケジューラを第2章で、メモリ管理を第3章で、ファイルシステムを第4章で、ブロックI/Oを第5章で、ネットワークについては第8章で説明します。

また、図1.1中にはありませんが、本書ではディスクに関連する機能であるデバイスマッパ（第6章）、LVM（第7章）についても説明します。また第9章ではセキュリティ、第10章では仮想化、第11章ではコンテナ型仮想化、第12章ではトラブルシューティング・デバッグについて取り上げます。

1.2 ║ Linux カーネルのソースコード

先ほど述べたように、Linuxカーネルもプログラムです。Linuxカーネルのソースコードがどれほどの規模かというと、執筆時点の最新（Linux 5.18.0）でファイル数は約71,000、ライン数は約3300万にも及びます。また、これらの記述言語はC言語です。

Linuxカーネルのソースコードは、以下のURLにあるGitリポジトリで公開されています。

・https://git.kernel.org/pub/scm/linux/kernel/git/torvalds/linux.git

このリポジトリはLinuxの産みの親であるLinus Torvaldsによりメンテナンスされているので、リーナスツリーと呼ばれています。

1.3 Linux カーネルのバージョン

図1.2に、Linuxカーネルのバージョン遍歴を簡単な年表にして示します。

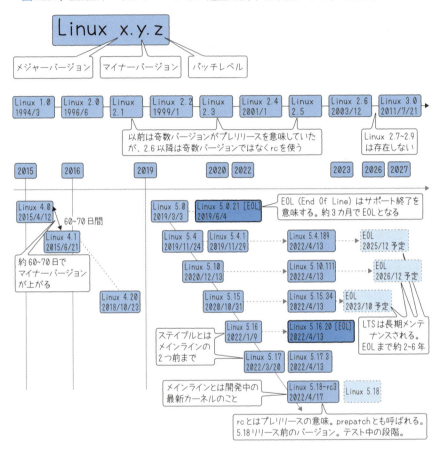

図1.2　Linuxカーネルのバージョン

Linuxカーネルのバージョンは「5.18.0」のように、「x.y.z」形式で表されます。このうち「x」はメジャーバージョン、「y」はマイナーバージョン、「z」はパッチレベルのバージョン番号を示しています（yは「メジャー内のマイナー」「パッチレベル」、zは「サブレベル」「バグナンバー」と呼ばれることもあります）。

Linuxカーネルは、定期的に最新バージョンがリリースされています。60～70日でマイナーバージョンが上がります。メジャーバージョンは数年で上がりますが、メ

ジャーバージョンが3から4に、もしくは4から5に変わっても特別な意味はありません。

4.xの場合、4.0〜4.20までがリリースされましたが、この中でも特に長期間メンテナンスされるバージョンがあり、これを「Long-Term Support（LTS）カーネル」や単に「longtermカーネル」と呼びます。

4.xでは4.9、4.14、4.19がLTSです。LTSカーネルのメンテナンス期間は2〜6年間ほどです[※1]。通常のカーネルのメンテナンス期間は約3カ月間なので、相当な延長だといえるでしょう。

LTSカーネルのメンテナンス内容は、開発中の最新のバージョン（メインラインカーネル）で取り込まれたバグ修正のバックポートです。新機能の追加などは行わないので、純粋な「品質の向上」が期待できます。

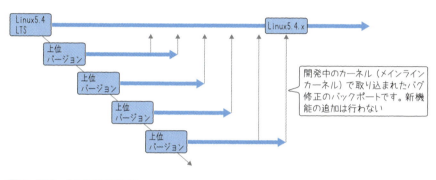

図1.3　LTSカーネルのメンテナンス

例として、ディストリビューションや企業が製品に採用するカーネルバージョンを決定するときのことを考えましょう。LTSの仕組みがない時代は、どのバージョンを採用するかの基準が存在せず、そのときの最新カーネルを採用し、それらを独自にメンテナンスしていました。そしてその後リリースされたカーネルの不具合修正を確認し、システムに必要なものを選択して、それぞれが独自にバックポートをしていました。

そうした運用では、時間が経過してバージョンの差が大きくなるとバックポートが困難なことも多くなり、自前で継続するメンテナンスには非常に多くの労力が必要でした。

LTSのメンテナンスは、そのコードを知り尽くしたLinuxカーネルのメンテナやパッチ作成者によりバックポートされるため、信頼度が非常に高くなります。コミュニティにより必要な修正が随時バックポートされるので、Linuxを採用する側からすると大きな助けとなりますし、安心してLinuxを使うことができます。

※1：LTSの最初のルールでは2年間のサポートでしたが、最近では業界の事情も踏まえて6年サポートとする場合があります。

> **Column**
>
> ### SLTS
>
> Linux FoundationのCIP（Civil Infrastructure Platform）プロジェクトでは、20年のメンテナンスを目指した「Super Long Term Support（SLTS）」というものが提案されています。
>
> その中で、現状では少なくとも10年サポートを目指したCIP SLTSカーネル（4.4、4.19、5.10、6.1をベースにした4種類）がリリースされています。
>
> ・https://lwn.net/Articles/749530/
> ・https://www.cip-project.org/2022/04

一般に、コミュニティからリリースされたカーネルは「アップストリームカーネル」「ストックカーネル」もしくは「バニラカーネル」と呼ばれます。また、正確には最新の開発中のカーネルだけを「メインラインカーネル」と呼びますが、バージョン問わずアップストリームカーネルと同じ意味でメインラインカーネルと呼ばれることもあります。

1.4 ‖ カーネルの学習法

著者としては、本書をきっかけにカーネルに関心を持ち、カーネルを調べてみようと思っていただけるとうれしい限りです。

Linuxカーネルソースコードはリーナスツリーやhttps://www.kernel.org/ から取得でき、gitの場合はhttps://git.kernel.org/ よりクローンできるので、誰でもLinuxカーネルのソースコードを読むことができます。

ただ、Linuxカーネルを学習する際「どこから読んだらいいの？」という質問も少なくありません。そこで、ここではLinuxカーネルソースコードの調べ方について簡単に触れておきましょう。

興味のあるところから読んでみるのがよいのですが、コードが多いため、見る範囲を限定しないと大変なことになります。そこでまずは、コード中の「特定の部分」に注目して読んでいくようにしましょう。

例えば「この構造体の変数はこのタイミングで値が増える」のような箇所から始めることも多いはずです。これは学習だけではなく業務でも同様ですね。その後、次第にネットワークのあるレイヤを調べるようになったり、ファイルシステムの仕組みを見ていったり、ハードウェアの割り込みからシステムコールが戻るまでを調べたりと、見る範囲が広がっていきます。

それでもどこから読んだらいいかわからない場合、最初のきっかけとして、Linuxカーネルに取り込まれたパッチから見る方法があります。パッチは、小さな不具合を修正する数行のものから、新機能を追加するものまでさまざまです。それらのパッチを理解するうえでは修正箇所の周辺も調べることにもなるので、徐々にLinuxカーネルの理解が深まっていくのです。

また、「ある現象がどういう流れで処理されているのか」を調べたいときもあるでしょう。このような場合はftraceが参考になります。ftraceのトレース情報を見ることも多いので、Linuxカーネルのソースコード内にあるftraceの仕掛けを見ると参考になります（ftraceについては第12章を参照）。

例えば、`ioctl()`というデバイス処理のシステムコール（カーネル内の機能を呼び出す関数）がありますが、そのうち「SCSIコマンドがデバイスに送信される処理」についてLinuxカーネルソースコードの該当箇所を調べたいとします。

ここでまずはftraceのイベントを確認します。イベントは`/sys/kernel/tracing/events/`にありますが、特に`/sys/kernel/tracing/events/scsi/scsi_dispatch_cmd_start/`はSCSIコマンドの送信をトレースするイベントです。

このディレクトリ名である`scsi_dispatch_cmd_start`をLinuxカーネルのソースコードで検索すると、`/drivers/scsi/scsi_lib.c`の`scsi_dispatch_cmd()`関数に`trace_scsi_dispatch_cmd_start()`が埋め込まれていることがわかります。まさにここがSCSIコマンドをデバイスに送信している（正確には「デバイスドライバのキューに積んでいる」）箇所です。

`ioctl()`から地道にコードをたどっていっても、該当箇所が見つからない、またはどこで送信しているか悩むことも多いですが、このようにftraceを参考にするとすぐに該当箇所が見つかることがあります。

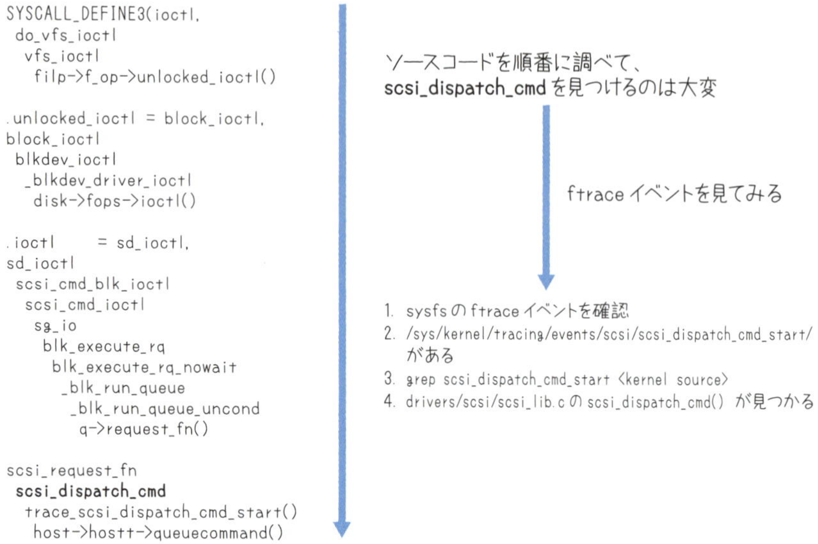

```
SYSCALL_DEFINE3(ioctl,
 do_vfs_ioctl
  vfs_ioctl
   filp->f_op->unlocked_ioctl()

.unlocked_ioctl = block_ioctl,
block_ioctl
 blkdev_ioctl
  _blkdev_driver_ioctl
   disk->fops->ioctl()

.ioctl    = sd_ioctl,
sd_ioctl
 scsi_cmd_blk_ioctl
  scsi_cmd_ioctl
   sg_io
    blk_execute_rq
     blk_execute_rq_nowait
      _blk_run_queue
       _blk_run_queue_uncond
        q->request_fn()

scsi_request_fn
 scsi_dispatch_cmd
  trace_scsi_dispatch_cmd_start()
  host->hostt->queuecommand()
```

ソースコードを順番に調べて、
scsi_dispatch_cmd を見つけるのは大変

ftrace イベントを見てみる

1. sysfs の ftrace イベントを確認
2. /sys/kernel/tracing/events/scsi/scsi_dispatch_cmd_start/ がある
3. grep scsi_dispatch_cmd_start <kernel source>
4. drivers/scsi/scsi_lib.c の scsi_dispatch_cmd() が見つかる

図1.4　SCSIコマンドをデバイスに送信しているコード箇所

▋▋ Column

▋▋ カーネルを読む

　著者がアプリケーション開発者から「カーネルでこういう現象が発生する」「カーネルが想定外の動きをする」と相談されたときに、「このカーネルパラメータを試してみて」「RFC 5961に準拠した動作になってるんじゃない？」などのアドバイスをすることがありました。

　無事解決することもあるのですが、そのあとに「なんでこのパラメータを知っていたのか？」「RFC 5961を読んだことあるのか？」とよく聞かれます。パラメータを知っていたわけではありませんし、もちろん日頃からRFCを読みこなしているわけではありません。これらの情報はカーネルのソースコードを見て、はじめて知るものです。

　アプリケーションの解析だけでは到底わからないことですが、カーネルのソースコードやそのコード付近にあるコメントを見ると、関連するパラメータや、どのRFCに関連した動作なのかがわかることがあるので、ここで紹介したような「カーネルを読む」という行動ができるだけで、アプリケーション開発にも大きく貢献することがあります。

1.5 ┃ カーネルを理解する際に必要な知識

ここからはカーネルの仕組みを理解するのに必要な前提知識、用語について説明しておきます。次章以降で頻繁に出てくる用語についても、あわせてここで説明しておきます。

1.5.1 カーネルコンフィグ

カーネルのソースコードをコンパイルすると、**カーネルイメージファイル**が作成されます。bzImageやvmlinuzがそのカーネルイメージファイルです。特にRedHat系やUbuntuでは/bootというディレクトリにvmlinuzがあります。このカーネルイメージファイルは、Linuxカーネルそのものです。

カーネルのソースコードには多くのファイルシステムやドライバ、コンポーネントが含まれていますが、使用しないものも多くあります。それらがカーネルに必要であればカーネルイメージファイルに含め、不要であれば含めないようにします。

このカーネルイメージファイルに含めるかどうかの設定は簡単にできるようになっています。この設定のことを**カーネルコンフィグ**やkconfig、カーネルmakeコンフィグと呼びます。

カーネルのソースコードをコンパイルする前に、カーネルコンフィグを適切に設定します。コマンドライン（ターミナル）からカーネルコンフィグを設定する場合は、カーネルのソースコードを展開し、作成されたディレクトリに移動してmake menuconfigコマンド、またはその後継のmake nconfigコマンドを実行します。

次に示すのはカーネルのソースコードをダウンロードしてmake nconfigを実行するまでの例と、そのときの画面です。

```
$ wget https://cdn.kernel.org/pub/linux/kernel/v5.x/linux-5.18.tar.gz

$ tar zxvf linux-5.18.tar.gz

$ cd linux-5.18

$ make nconfig
```

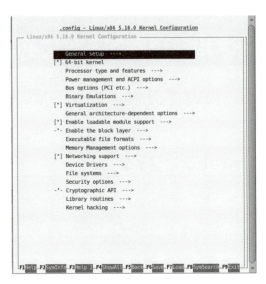

図1.5 make nconfigの画面

　ここではキー操作で各項目の設定を行います。例として、「XFSファイルシステムを使用しない」ように設定することを考えます。この場合は図1.6のように［XFS filesystem support］でスペースキーを押し、無効（< >内を空欄）にします。

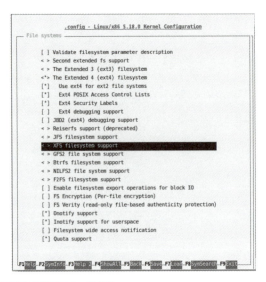

図1.6 「XFSファイルシステムを使用しない」設定例

設定が完了すると、画面の上のタイトルにある`.config`ファイルが作成されます。この`.config`ファイルには、以下のように「CONFIG_」から始まる設定項目が記載されています。

```
$ wc -l .config
5000 .config

$ cat .config
～省略～
#
# Kernel Performance Events And Counters
#
CONFIG_PERF_EVENTS=y
# CONFIG_DEBUG_PERF_USE_VMALLOC is not set
# end of Kernel Performance Events And Counters

CONFIG_VM_EVENT_COUNTERS=y
CONFIG_SLUB_DEBUG=y
# CONFIG_COMPAT_BRK is not set
# CONFIG_SLAB is not set
CONFIG_SLUB=y
～省略～
# CONFIG_XFS_FS is not set
～省略～
```

コンフィグを有効にする／無効にすることを指し、この`.config`ファイルの記述に基づいた表現をすることもよくあります。例えばslubを有効にすることを「CONFIG_SLUB=yにする」「CONFIG_SLUBを有効にする」などというわけです[※2]。同様に、逆にslubを無効にすることを「CONFIG_SLUB=nにする」のようにいいます。

本書中でもこのように表記します。また、「CONFIG_」から始まる単語は、カーネルコンフィグのことを指すので覚えておきましょう。

‖ Column

カーネルモジュールにする

`make nconfig`で［M］キーを押して、対象のカーネルコンフィグをモジュール（後述）にすることもできます。これを**カーネルモジュール**といいます。すべてのカーネルコンフィグをモジュールにできるわけではなく、カーネルモジュールにできるものとできないものがあります。モジュールにしたものは、`.config`ファイルにCONFIG_XFS_FS=mのように記録されます。

※2：有効にすることを「組み込む」ともいいますが、これはコンフィグで有効にした機能がカーネルイメージファイルに追加されることによる表現です。

1.5.2 カーネルパラメータ

カーネルパラメータとはカーネルの挙動や、カーネル内のある初期値を変更するものです。このカーネルパラメータには大きく2種類あります。

1つ目は、「起動時に設定すると、その後に変更できないもの」です。このように、起動時に設定するパラメータを**カーネルブートパラメータ**と呼びます。

例えば、パラメータにmem=1Gと追加すると、搭載している物理メモリ量にかかわらず、メモリサイズを強制的に1GBとします。これはLinuxカーネルが起動したあとには変更できません。なお、このmem=はメモリ不足を再現したいときなどに使用します。

先述のカーネルコンフィグで有効にしてあっても、このカーネルパラメータで無効にできる設定も存在します。例えばCONFIG_AUDIT=yとしてコンパイルしたカーネルであっても、カーネルブートパラメータにaudit=0と設定すると、audit機能が無効になります。

カーネルブートパラメータはgrubなどのブートローダで設定や追加ができ、起動したカーネルのブートパラメータは/proc/cmdlineで確認できます。

カーネルパラメータの2種類の2つ目は「起動時に設定することもでき、Linuxカーネルが起動したあとにも変更できるもの」です。例えば、カーネルブートパラメータにloglevel=7またはkenrel.printk=7と設定すると、起動時からコンソール出力のログレベルがデバッグ（7）となり、デバッグレベル以上のログが出力されます[3]。

起動後は、sysctlコマンドや/proc/sys/kernel/printkに書き込むことでログレベルを変更可能です。sysctlコマンドの場合、以下のように実行すると、その直後にログレベルが変更されます。

```
$ sudo sysctl -w kernel.printk=4
```

この種のパラメータの値はsysctl -aや/proc/sys/配下のファイルで確認ができます。

※3：詳細は下記URLを参照。
　　https://man7.org/linux/man-pages/man3/syslog.3.html

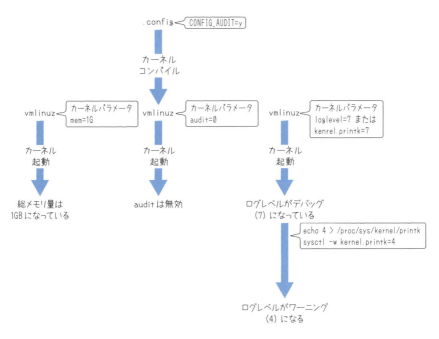

図1.7　カーネルパラメータ

　設定可能なパラメータの一覧は、カーネル付属のDocumentation/admin-guide/kernel-parameters.txtに記載されています。オンラインでは以下のURLにて最新のリストを閲覧できます。

・https://kernel.org/doc/html/latest/admin-guide/kernel-parameters.html

1.5.3 カーネルモジュール

　カーネルモジュールとはカーネルを拡張するものであり、必要なときにロードし、不要になればアンロードができるオブジェクトファイルです。このことからカーネルローダブルモジュールと呼ばれることもあります。

　カーネルモジュールのファイルは、カーネルをコンパイルするとカーネルイメージファイルとは別に、モジュール名.ko、または圧縮されたものであればモジュール名.ko.xzのようなファイル名で作成されます[※4]。

※4：CONFIG_MODULE_COMPRESS_GZIPやCONFIG_MODULE_COMPRESS_XZを有効にすると、モジュールファイルが圧縮されます。圧縮アルゴリズムによりファイル名の最後が.ko.gzや.ko.xzになります。

一般的には/lib/modules/**<カーネルバージョン>**/kernelにあります。次に示すのはFedora 32の/lib/modulesにあるファイルです。なお、ここに示す出力はごく一部の抜粋であり、実際には約3,800ものモジュールファイルがあります。

```
$ find /lib/modules/*/kernel
～省略～
/lib/modules/5.11.22-100.fc32.x86_64/kernel/fs/overlayfs/overlay.ko.xz
/lib/modules/5.11.22-100.fc32.x86_64/kernel/net/ipv6/netfilter/ip6t_REJECT.ko.xz
/lib/modules/5.11.22-100.fc32.x86_64/kernel/net/mac80211/mac80211.ko.xz
/lib/modules/5.11.22-100.fc32.x86_64/kernel/drivers/tty/serial/8250/8250_lpss.ko.xz
/lib/modules/5.11.22-100.fc32.x86_64/kernel/drivers/net/ethernet/broadcom/bnx2x/bnx2x.ko.xz
/lib/modules/5.11.22-100.fc32.x86_64/kernel/drivers/net/usb/asix.ko.xz
～省略～
```

カーネルモジュールにはデバイスドライバ、ファイルシステム、ネットワークのコンポーネントなどがあります。

Linuxを起動しただけでは、これらカーネルモジュールはロードされず使用できません。使用するにはmodprobeコマンドでロードしますが、多くのLinuxディストリビューションでは起動時に自動的にロードされます。ロードされているモジュールはlsmodコマンドで確認できます。

◉ カーネルモジュールのメリット、デメリット

組み込み製品などの場合は、利用するハードウェアは製品開発段階で決まるため必要となるデバイスドライバもわかりやすいのですが、一般的なLinuxディストリビューションのようにユーザのハードウェア構成が千差万別という場合、前もってさまざまなデバイスドライバを組み込んだカーネルを作成すると、カーネルのサイズが大きくなってしまいます。

図1.8はデバイスAだけを搭載したマシンにおいて、モジュールの仕組みがある場合とない場合の違いを示します。

先ほどのFedora 32を例にすると、もしモジュールの仕組みがなければ3,800ものモジュールをカーネルに組み込むことになりますが、このカーネルを起動するとカーネルイメージファイルをメモリに読み込むため3,800モジュールの分だけメモリを消費してしまいます。

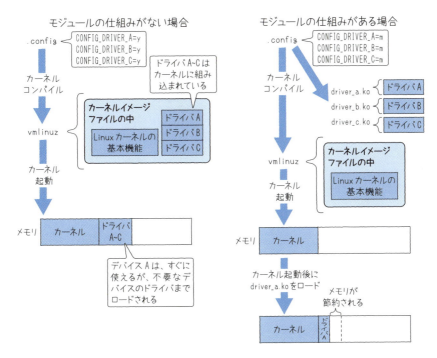

図1.8　モジュールの有無による違い

　しかし3,800ものカーネルモジュールを必要とするサーバやPCはありません。筆者の手元のFedora 32のマシンで`lsmod`を確認すると120のモジュールがロードされていました。つまりこのマシンでは120のモジュールがあればよいということです。このようにマシンによって必要なモジュールだけロードするようにすればメモリが節約できます。

　デメリットとしては、モジュールのロードが終わるまでそのデバイスが使えない点が挙げられます。ネットワークデバイスドライバのモジュールを例にすると、ロードし終わるまでそのネットワークデバイスは使用できず、ネットワーク通信ができません。組み込み機器では、起動してすぐにネットワークなどのデバイスを動作させたいことがよくあるため、そのような機器には必要なデバイスドライバを組み込んだ専用のカーネルを用意するのが一般的です。

1.5.4 割り込み

割り込みとは、さまざまなハードウェアから送られてくる信号です。ネットワークデバイスやディスク、時間を刻むタイマーからも割り込みは発生します。

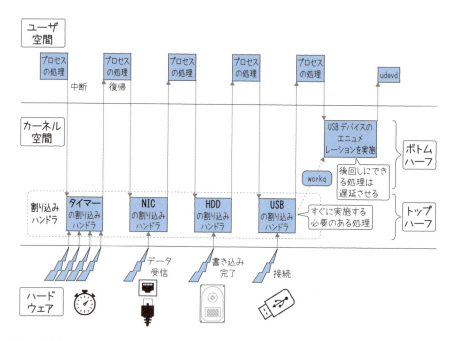

図1.9 割り込みが発生したときの様子

ネットワークデバイスは、データが届くとそれをLinuxカーネルに知らせる割り込みを発生させます。ディスクはデータの書き込み完了を示す割り込みを発行します。他にも、以前のタイマーはLinuxカーネルが正確な時間を刻めるように、一定間隔で割り込みを発生させていました（最近は省電力などの目的で一定間隔ではありません）。USBデバイスを接続しても、同様に割り込みが発生します。

どのデバイスからの割り込みかは、割り込みの番号で判断します。割り込みの番号と各割り込みの発生数は/proc/interruptsで確認できます。なお、0番はタイマー割り込みと決まっています。そしてこれらの割り込みが発生すると、割り込みハンドラと呼ばれるカーネル内のコードが実行されるようになっています。

実は、ユーザ空間のプロセスは、この割り込みハンドラによって何度も中断されています。そこで、この中断を最小限にするため[5]にも、割り込みハンドラでは最低限の処理だけを実行します。この最低限の短い処理をトップハーフといい、割り込みハンドラそのものを示します。

残りの後回しにできる処理はボトムハーフと呼ばれます。ボトムハーフはソフト割り込みハンドラやタスクレット、ワークキュー、threaded IRQ（スレッド化した割り込みハンドラ）[6]と呼ばれる別のコンテキストで遅延させます。つまり他に優先度の高い処理があれば、それらを優先します。

例えば、図1.9に示したUSBのエニュメレーション処理はワークキューで実装されています（USBのエニュメレーションについては第9章を参照）。

このようにトップハーフとボトムハーフに処理を分割することで、割り込みハンドラの処理による影響を最小限にしています。

1.5.5 ユーザ空間とカーネル空間

Linuxカーネルについて学ぶと、ユーザ空間とカーネル空間という用語が必ず出てきます。本章の最後に、それらについても解説しておきましょう。

ユーザ空間とはシェルやさまざまなアプリケーションが動作するメモリ領域のことです。画面にデスクトップのグラフィックを表示するアプリケーション（X Window Systemなど）やWebブラウザもユーザ空間で動作しています。ライブラリもユーザ空間です。ファイルやネットワークでデータをやりとりをして、複雑な処理をするのがユーザ空間です。

カーネル空間とはカーネルが動作するメモリ領域です。カーネルはファイルの作成や読み書きの仕組み、ネットワーク通信に使うソケットの仕組みなど、基本的な仕組みを提供しています。また、ユーザ空間のアプリケーションではハードウェアの直接操作はできません。ユーザ空間とハードウェアの間にあるカーネル空間（ドライバ）が、ハードウェアを操作します。

※5：割り込み禁止時間を短くし、新しい割り込みを受け付けられるようにするためなど、他にも理由があります。
※6：タスクレットは最近のLinuxカーネルにも含まれており、使われてもいますが、コミュニティでは非推奨としています。代わりにthreaded IRQを推奨しています。threaded IRQはスケジューラにより自動的に起動されるのが特徴で、別のCPUで並列実行が可能です。

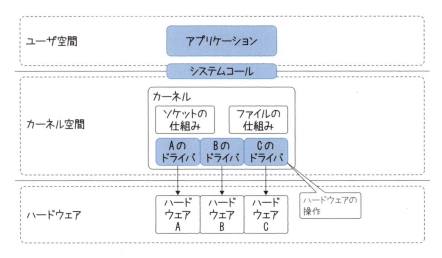

図1.10　ユーザ空間とカーネル空間

　ユーザ空間とカーネル空間のやりとりには、**システムコール**という仕組みが使われます。ファイルを見るためにシェルからcatコマンドを実行したときは、catコマンドの内部でread()システムコールが実行されています。カーネルのファイルシステムによりファイルの中身を返します。

　どのようなシステムコールが実行されたかはstraceコマンドで確認できます。

```
$ strace -y -e read cat ./test.txt
read(3</path/test.txt>, "text in test.txt\n", 131072) = 17    // 17バイト読み込んだという意味
text in test.txt                  // この行は「cat test.txt」の出力
                                  // 最後の改行（\n）も含めて17文字
```

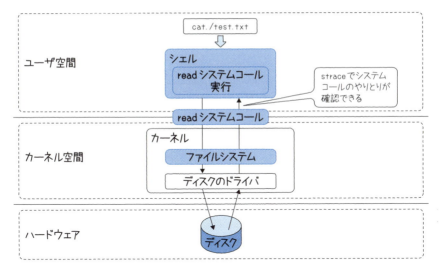

図1.11 readシステムコールの仕組み

なお、システムコールは現在300以上あります。今起動しているLinuxでサポートされているシステムコールはausyscallコマンドで確認できます。

```
$ ausyscall --dump
Using x86_64 syscall table:
0    read
1    write
2    open
3    close
4    stat
[...]
```

第 2 章

プロセススケジューラ

ユーザによってプログラムが起動されると新しいプロセスが作成されます。そして作成されたプロセスが実行されるにはCPUリソースの割り当てが必要になります。このようなプロセスへのCPUリソース割り当てを行う機能が**プロセススケジューラ**です。

2.1 ‖ プロセススケジューラとは？

プロセスが何らかの処理を行うためにはCPUリソースが必要となります。プロセスに割り当てられたCPUリソースを使って、プロセスはプログラムの命令列を実行します。そのため、CPUリソースが割り当てられていない状態では、プロセスのプログラムはCPUによって実行されません。

プロセススケジューラはプロセスへCPU（論理コア）の割り当てを行います。システムに複数存在しているプロセスは、プロセススケジューラによって割り当てられた論理コアで実行されます。

通常、システムの中には多数のプロセスが存在していますが、プロセススケジューラはそれらのプロセスに適切にCPUリソースを割り当て、作業を円滑に実行させます。一般的にプロセスの数はCPU数（論理コア数）よりも多くなるため、すべてのプロセスを同時に実行することはできません。カーネルのプロセススケジューラは、複数のプロセスへの論理コア割り当てを切り替えることによって、実行しているプロセスを切り替え、同時に実行しているように見せています。プロセスの切り替えは短時間で行われ、ユーザが気づかないようになっています。

スケジューラによってCPUリソース割り当てを時間で区切って、複数のプロセスを実行する機能は**タイムシェアリングシステム**と呼ばれ、プロセススケジューラによってプロセスにCPUリソースが割り当てられる時間、つまりプロセスが実行できる時間を**タイムスライス**と呼びます。

図2.1は、複数プロセスへのCPUリソース割り当ての様子を表しています。ここには実行状態（RUNNING）の2つのプロセス、スリープ状態（SLEEP）の2つのプロセスが存在しています。最初にプロセス1にCPUリソースが割り当てられ、次にプロセス2にCPUリソースが割り当てられて、それぞれの実行状態プロセスが順に実行されます。そこにプロセス3が起こされてくると、プロセス3を含め3つのプロセスにCPUリソースが順番に割り当てられるようになります。またプロセス2がスリープすると、実行状態であるプロセス1とプロセス3にのみCPUリソースが割り当てられるようになります。

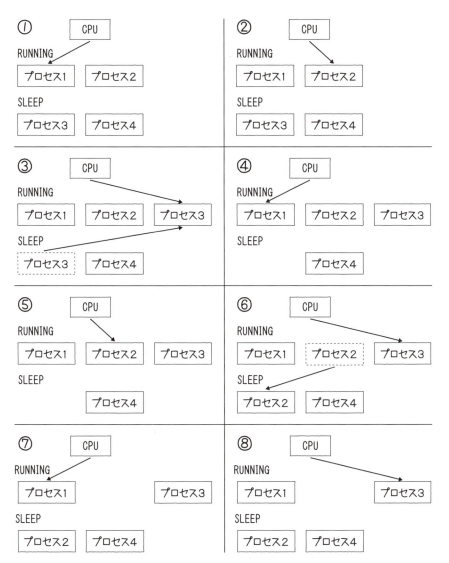

図2.1 複数プロセスへのCPUリソースの割り当て

　プロセススケジューラによるCPUリソースの割り当て方は、Linuxカーネルとともに進化しています。現時点でよく利用されているカーネルでは、通常のプロセスはCompeletely Fair Scheduler（CFS）でスケジューリングされています。なお、Linux 6.6にてEarliest Eligible Virtual Deadline First（EEVDF）が導入されましたが、本書ではその詳細は扱いません。

Linuxカーネルのスケジューラでは、プロセスに設定されているスケジューリングポリシーによって、使われるスケジューリングアルゴリズムが変更されます。通常のプロセスにはスケジューリングポリシーとしてSCHED_NORMALが適用されています。その他、リアルタイム性が重視されるプロセスのためのスケジューリングポリシーSCHED_FIFO、SCHED_RR、SCHED_DEADLINEなどがあります（スケジューリングポリシーについては後述）。

◉ プロセススケジューリングのイメージ

　プロセススケジューラは、実行可能状態であるプロセスに対し、適切なCPUリソースを割り当てていきます。

　概念的には、カーネルの内部において、実行可能状態であるプロセスは待ち行列として管理されており、その行列の先頭にいるプロセスにスケジューラがCPUリソースを割り当てます。そしてプロセスがCPUリソースを使って処理を終えると、スケジューラは待ち行列の先頭にいる次のプロセスにCPUリソースを割り当てます（図2.2）。

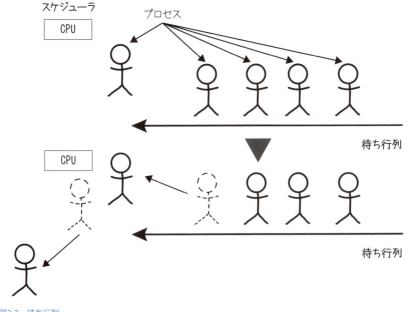

図2.2　待ち行列

　さて、このときプロセスの処理が終わらなかったとしたらどうなるのでしょうか？その場合は、特定の時間CPUリソースを割り当てていたプロセスから強制的にCPUリ

ソースを取り上げ、待ち行列にいる次のプロセスにCPUリソースを割り当てます。そしてCPUリソースを取り上げられたプロセスは再度待ち行列に並び直すことになります（図2.3）。

スリープしていたプロセスが起こされ、新たに実行可能状態になった場合、待ち行列に並んでCPUリソースが割り当てられるのを待つことになります。

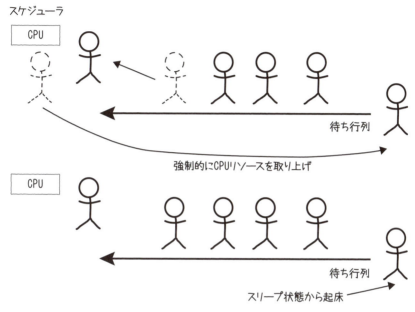

図2.3　待ち行列への追加

● プロセスの状態

それでは、ここからはプロセスの状態について詳しく見てきましょう。プロセスの状態としては、主に以下の5つが挙げられます。

RUNNING（TASK_RUNNING）
CPUリソースが割り当てられ実行されている状態、もしくは、CPUリソースの割り当てを待っている状態です。

INTERRUPTIBLE（TASK_INTERRUPTIBLE）
nanosleepやselectによるイベント待ちなど、中断可能な待ち状態です。ユーザからシグナルを送って処理を中断することができます。

UNINTERRUPTIBLE（TASK_UNINTERRUPTIBLE）

メモリ割り当て処理の途中、デバイスのI/O待ち、カーネル内部の排他待ち合わせなど、ユーザによって中断できない待ち状態です。

DEAD（TASK_DEAD）

プロセスが終了した状態です。Linuxでは、親プロセスによってプロセスリソース回収されるプロセス情報は残っており、リソース回収されるまでの間、**ゾンビ**と呼ばれる状態になります。

STOPPED（TASK_STOPPED）

STOPシグナルによって停止させられている状態になります。bashのジョブ管理においては、［Ctrl］＋［Z］キーを押すことで停止させたプロセスはこのSTOPPED状態となります。

gdbなどのデバッガによってトレース中のプロセスも、外部からプロセス内部の現時点の状態を確認するために停止状態に移行させられます（図2.2）。

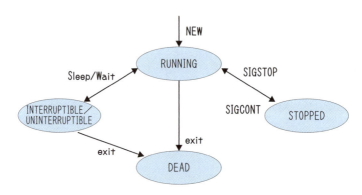

図2.4　プロセスの状態遷移

fork()システムコールによって新たなプロセスが生成されますが、生成された新たなプロセスはRUNNING（実行）状態になります。プロセスは、ユーザ空間での実行中はRUNNING状態であり、システムコールや例外処理によるカーネル空間の処理の中で待ち状態（INTERRUPTIBLEやUNINTERRUPTIBLE）になることがあります。

例えば、プロセスがnanosleep()システムコールを呼び出すと、待ち状態であるINTERRUPTIBLEに移行します。プロセスは割り当てられていたCPUリソースを手放します。その後、指定した時間の経過によってプロセスが起こされると、プロセスはRUNNING状態になり、スケジューラによって再度CPUリソースが割り当てられます。INTERRUPTIBLE状態はシグナルによる中断が可能です。一般的に、シグナルによっ

て中断されたシステムコールはEINTRを返します。

　一方で、デバイスからのI/O待ちなどをしているUNINTERRUPTIBLE状態は中断できません。待っている事象が解決しない限り処理を続けることができないため、シグナルを送っても処理を中断することはできません。例えば、メモリに割り当てられたプログラムの命令領域や、プログラムが必要とするデータなどが実際の物理メモリ上に読み込まれていない場合にはディスクからの読み込みが発生しますが、そのような場合、そのメモリがディスクから読み込み完了して物理メモリにデータが存在する状態になるまで、プログラムは実行できません。UNINTERRUPTIBLE状態は、このような待ち状態を表しています。

　なお、KILLシグナルなどでプロセスを終了させたときのようにプログラムの実行継続が不要な場合は、特別に処理を中断させ、待ち合わせの完了を待たずに終了することもあります。この状態は、カーネルの中ではKILLABLEとして区別されています。

　存在しているプロセス一覧とその状態は、psコマンドによって確認できます。

　psコマンドにはプロセスを表示するためのさまざまなオプションがありますが、例えば現在のセッションで動作しているプロセス一覧をプロセスのスケジューリングの状態を含めて出力するには-1オプションを利用します。

```
$ ps -1F S  UID     PID    PPID  C PRI  NI ADDR SZ WCHAN  TTY          TIME ⏎
CMD
0 S  1000  381457  381456  0 80   0 -  3729 do_wai pts/11    00:00:00 bash
0 T  1000  381512  381457  0 80   0 -  6451 do_sig pts/11    00:00:00 vim
0 R  1000  381522  381457  0 80   0 -  2891 -      pts/11    00:00:00 ps
```

※誌面の都合上、⏎で改行しています。

　左から2つ目のカラムがプロセス状態を示しています。プロセス状態は1文字で表され、以下のように対応します。

・R：RUNNING
・S：INTERRUPTIBLE
・D：UNINTERRUPTIBLE
・T：STOPPED

◉ カーネルにおけるスケジューリングの単位

　カーネルの中では、CPUの割り当て対象は**タスク**（task）と呼ばれ、一般的なプロセスにおいて、プロセスの実行単位である1スレッドが1つのタスクに対応します。カーネルの情報を見る際に「task」という単語が使われることがあるため、覚えてお

くとよいでしょう。

例えば、プロセスが持つスレッドは/proc/PID/taskを参照して情報を得ることができます。カーネルによってスケジューリングされるスレッドごとにタスクが存在します。なお、シングルスレッドのプロセスであればそれ自身を指すものになります。

コンテキストスイッチ

プロセススケジューラによって実行中のプロセスから別のプロセスにCPUリソースの割り当てを変更され、実行するプロセスを切り替えることを**コンテキストスイッチ**と呼びます。

コンテキストスイッチには、プロセス、スリープやイベントの待ち合わせ、ブロッキングI/Oなどによって自発的にCPUリソースを手放すことで発生する場合と、CPUリソースを使い続けタイムスライスを使い切ることで、カーネルにより強制的にCPUリソースを取り上げられることによって発生する場合に分けられます。

2.2 スケジューリングポリシー

スケジューラによるプロセスへのCPUリソース割り当てアルゴリズムは、プロセスの持つ特性に合わせて変更することができます。デフォルトでは、タイムスライスによる時分割多重のプロセススケジューリングを行います。

例えば、後述の「リアルタイム処理」と呼ばれる応答時間が重視されるプロセスに対しては、スケジューリングポリシーをデフォルトのタイムスライスを使ったものから変更することで、リアルタイム性を確保することができます。

Linux v6.3では、以下のスケジューリングポリシーが存在しています。

- ・SCHED_NORMAL（SCHED_OTHER）
- ・SCHED_RR
- ・SCHED_IDLE
- ・SCHED_FIFO
- ・SCHED_BATCH
- ・SCHED_DEADLINE

SCHED_NORMAL：Conmpetely Fair Scheduler（CFS）

Linuxのデフォルトのスケジューリングポリシーです。実行可能状態のプロセスにタイムスライスを均等に割り当てます。別名としてSCHED_OTHERとしても定義されていますが、同じポリシーです。

SCHED_FIFO：First In First Out（FIFO）

リアルタイムスケジューリングポリシーの1つです。リアルタイム優先度順に実行され、プロセスが自主的にCPUリソースを手放すか、より高いリアルタイム優先度を持つプロセスが現れるまで、CPUリソースを専有します。このスケジューリングポリシーを設定する際には、リアルタイム優先度を一緒に指定する必要があります。

SCHED_RR：ラウンドロビン

リアルタイムスケジューリングポリシーの1つです。FIFOと同様にリアルタイム優先度順に実行されます。FIFOと違って、プロセスに割り当てられたタイムスライスを使い切ると、同じ優先度を持つプロセスにCPUリソースを割り当てます。FIFOと同様に、このスケジューリングポリシーを設定する際にはリアルタイム優先度を一緒に指定する必要があります。

SCHED_BATCH

バッチ処理用のスケジューリングポリシーです。このポリシーを持つプロセスはCPU処理負荷の高いプロセスと見なされます。このポリシーおよび次のSCHED_IDLEポリシーを持つプロセスは、実行可能になったタイミングで他のプロセスから強制的にCPU時間を奪う動作はしません。そのため、バッチ処理のような応答時間を気にしないプロセスで利用すべきです。

SCHED_IDLE

このポリシーを持つプロセスのウェイトは最も小さくなります。SCHED_NORMALやSCHED_BATCHと同様にCFSとして動作しますが、このポリシーを持つプロセスのウェイトはnice値（後述）で最も優先度の低い「+19」とした際のウェイトよりも小さな値となります。

また、SCHED_BATCHと同様に、実行可能になったタイミングでの他プロセスから強制的にCPU時間を奪う動作はしません。

SCHED_DEADLINE：デッドラインスケジューリング

Linux 3.14にて新しく導入された、リアルタイム性を確保するためのスケジューリングポリシーです。このポリシーを適用する際には、対象のプロセスに「期間」と「デッドライン」、および「処理時間」というパラメータを設定します。

「期間」で示される範囲にあるデッドラインよりも前に実行が完了するようにスケジューリングされます。また、すでに設定されている他のデッドラインポリシーを持

つプロセスとの関係によりデッドラインが満たせない場合は、ポリシー設定が失敗します。

●スケジューリングクラス

Linuxカーネルの内部では主に3つのスケジューリングクラスがあり、各スケジューリングポリシーは図2.5のように対応しています。

図2.5　スケジューリングクラスとポリシー

クラスごとのスケジューリング

カーネル内では、スケジューラは図2.6に示す順番でプロセスにCPUリソースを割り当てます。

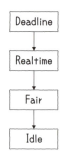

図2.6　スケジューリングの順番

最初に、デッドラインスケジューリングクラスに相当するプロセスが存在しているかを確認します。デッドラインスケジューリングクラスに分類されるSCHED_DEADLINEポリシーを持つプロセスは、最優先でCPUリソースを割り当てられます。

次に、リアルタイムスケジューリングクラスに相当するSCHED_FIFOもしくはSCHED_RRポリシーを持つプロセスが存在しているかを確認します。リアルタイムス

ケジューリングポリシーを持つプロセスが存在した場合、プロセスに設定されている静的なリアルタイム優先度に従い、最も高いリアルタイム優先度を持つプロセスに対しCPUリソースを割り当てます。

最後に、通常のFairスケジューリングクラスのプロセスが存在しているかを確認します。SCHED_NORMAL、SCHED_BATCH、SCHED_IDLEのスケジューリングポリシーを持つプロセスがこのスケジューリングクラスに分類されます。

そして最終的に、RUNNING状態のプロセスがいない場合、CPUはアイドル状態になります。なお、このアイドルはSCHED_IDLEとは関係ありません。SCHED_IDLEポリシーはFairスケジューリングクラスに含まれます。

概念的には、カーネル内部にそれぞれのスケジューリングクラスに対応する待ち行列があり、優先度順に、Deadline、Realtime、Fairという行列があるイメージです。最も優先度の高いDeadlineの待ち行列にプロセスが存在している間は、Deadlineの待ち行列にいるプロセスへCPUリソースを割り当てます（図2.7）。

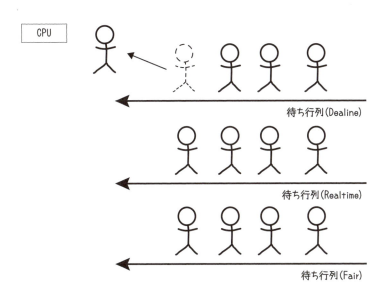

図2.7　Deadlineから割り当て

次に優先度が高いのはRealtimeの待ち行列であり、DeadlineにもRealtimeにもプロセスが存在していないときに、Fairの待ち行列に存在するプロセスにCPUリソースを割り当てます（図2.8）。

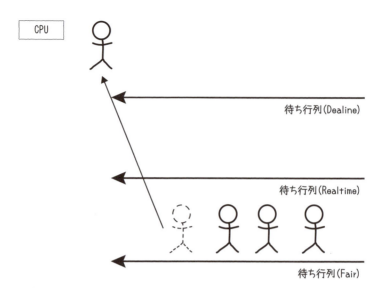

図2.8 Fairへ割り当て

2.3 CFS

　本節では、LinuxでデフォルトのスケジューリングポリシーとなっているスケジューリングアルゴリズムであるCFS（Completely Fair Scheduler）について説明します。CFSは時分割多重を行うスケジューリングアルゴリズムであり、RUNNING状態である各プロセスに平等なCPU時間を与えるように動作します。

　CFSの動作で基本となるパラメータとして、ターゲットレイテンシと最小実行時間の2つがあります。

　ターゲットレイテンシは期待する待ち時間の最大値です。各プロセスは、この時間内にCPU時間が割り当てられ実行されることが期待できます。CFSでは、RUNNING状態のプロセスに対し、ターゲットレイテンシで表された時間内に一度はCPU時間が割り当てられることを目指します。そのため、ターゲットレイテンシをRUNNING状態のプロセス数で割った時間が各プロセスへ割り当てる実行時間（タイムスライス）となります。

例えば、ターゲットレイテンシが6ミリ秒で、RUNNING状態のプロセスが3つ存在する場合、各プロセスは2ミリ秒のタイムスライスを得ることになります（図2.9）。

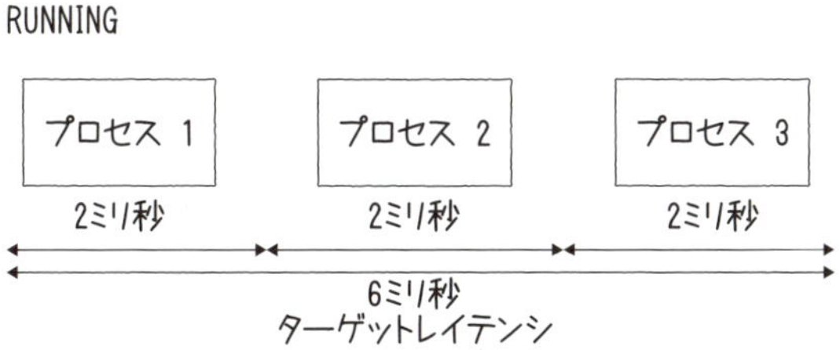

RUNNING

```
┌──────────┐    ┌──────────┐    ┌──────────┐
│ プロセス 1 │    │ プロセス 2 │    │ プロセス 3 │
└──────────┘    └──────────┘    └──────────┘
   2ミリ秒           2ミリ秒           2ミリ秒
 ←───────────────────────────────────────→
              6ミリ秒
           ターゲットレイテンシ
```

図2.9　CPUリソースの割り当て時間

また、CPUが割り当てられる時間が極端に短くならないように、割り当てを行う最低限のCPU時間が設定されています（**最小実行時間**）。各プロセスには、少なくともこの実行時間が割り振られ、CPUリソースが一度割り当てられたらこの時間内にCFSによるプロセス切り替えは発生しません。

タイムスライスがこの最小実行時間より短くならないように、カーネル内部ではターゲットレイテンシが一時的に調整されることがあります。プロセス数が多い状況では、計算したタイムスライスが最小実行時間よりも短くなることがあり、その場合、タイムスライスが最小実行時間となるようにターゲットレイテンシは一時的に長くなります。それにより最小実行時間が確保されることになりますが、一方で、設定したターゲットレイテンシの値は厳密には守られないこととなります。

CFSは、複数のプロセスがRUNNING状態になっている際に、これまでCPUリソースが割り当てられて実行された時間の少ない順に並べて、より実行時間の少ないものからCPUリソースを割り当てるように動作します。具体的には、各プロセスには実際に割り当てられたCPUリソース時間を保持するvruntimeというパラメータがあり、RUNNING状態になった時点でvruntimeが比較され、最も小さな値のプロセスからCPUリソース時間の割り当てが実施されます。

CPUが割り当てられている時間はカーネルで管理されており、タイマー割り込みを使って、割り当て時間を超えた時点でCPUリソースを次のプロセスへ割り当てます（図2.10）。

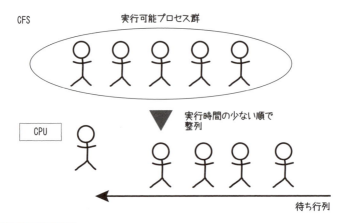

図2.10　CFSにおける待ち行列

　また、プロセスにはCPUリソースを割り当てる時間に対する重み付けを行うことができます。重み付けを調整することにより、プロセスに与えられる実行時間に差ができます。ターゲットレイテンシで表された時間のうち「対象プロセスの重み÷すべてのRUNNING状態プロセスの重み」の割合で、タイムスライスが計算されます。

● スケジューラのパラメータ

　ターゲットレイテンシと最小実行時間にアクセスするには、sysctlコマンドもしくはdebugfsインタフェースを用います（どちらを使うかはカーネルバージョンによって異なります）。

　Linux 5.12より古いカーネルでは、sysctlコマンドで確認／変更します。このとき、sched_latency_nsがターゲットレイテンシ、sched_min_granularity_nsが最小実行時間です。

　Linux 5.12以降のカーネルでは、debugfsインタフェースで確認／変更できます。debufsは通常/sys/kernel/debugにマウントされており、スケジューラ関係のパラメータは/sys/kernel/debug/sched配下に存在します。このディレクトリにおいて、latency_nsがターゲットレイテンシ、min_granularity_nsが最小実行時間です。

　また、procからスケジューラ関係の統計情報を見ることができ、/proc/<PID>/schedを参照することで対象プロセスの情報を得られます。

```
$ cat /proc/self/sched
cat (98992, #threads: 1)
-----------------------------------------------------------------
se.exec_start                         :         369762262.932084
se.vruntime                           :                 0.143519
se.sum_exec_runtime                   :                 1.305358
se.nr_migrations                      :                        1
nr_switches                           :                        1
nr_voluntary_switches                 :                        1
nr_involuntary_switches               :                        0
se.load.weight                        :                  1048576
se.avg.load_sum                       :                    45819
se.avg.runnable_sum                   :                 24094720
se.avg.util_sum                       :                 24094720
se.avg.load_avg                       :                      997
se.avg.runnable_avg                   :                      512
se.avg.util_avg                       :                      512
se.avg.last_update_time               :         369762262931456
se.avg.util_est.ewma                  :                      525
se.avg.util_est.enqueued              :                      525
uclamp.min                            :                        0
uclamp.max                            :                     1024
effective uclamp.min                  :                        0
effective uclamp.max                  :                     1024
policy                                :                        0
prio                                  :                      120
clock-delta                           :                       93
mm->numa_scan_seq                     :                        0
numa_pages_migrated                   :                        0
numa_preferred_nid                    :                       -1
total_numa_faults                     :                        0
```

　ここで見ることのできるvruntimeは、重みを反映した相対的な値になっています。
一方、sum_exec_runtimeは実際に実行された実時間を表した数値となっています。
　また、プロセスがどれだけCPUリソースを割り当てられたか／明け渡したかを知る
ことも可能です。nr_voluntary_switchesはプロセスが自らスリープするなどして
CPUリソースを手放した回数です。nr_involuntary_switchesはプロセスが強制的
にCPUリソースを取り上げられた回数であり、より優先度の高いプロセスによって
CPUリソースを奪われたり、タイムスライスを使い切って別のプロセスにCPUを明け
渡した回数を表します。
　se.load.weightはこのプロセスの重みです。

●nice値

nice値はスケジューリングに影響を与えます。最低優先度（19）から最高優先度（-20）までの整数で与えられ、nice値が高いほど、プロセスの優先度が低くなります。nice値はnice()システムコールによって変更することができ、またniceコマンドによっても変更できます。

CFSにおいてnice値による優先度は、プロセスの重みに反映されます。nice値が1違うごとに、割り当てられるCPUリソースの時間に10%の差が出るように重みが調整されます。

例として、筆者の手元のUbuntu 22.04で確認したところ、nice値が0のプロセスの重みは1048576、nice値が1のプロセスの重みは839680でした。nice値が0のプロセスとnice値が1のプロセスの実行時間は、重みにより

- nice値が0：1048576÷(1048576 + 839680)＝0.555
- nice値が1：839680÷(1048576 + 839680)＝0.444

となり、その実行時間の差はおよそ0.1（10%）となります。

なお、nice値が意味を持つのはスケジューリングポリシーが時分割多重化の場合のみとなり、リアルタイムのスケジューリングポリシーを持つプロセスはnice値の影響を受けません。

> **Column**
>
> **EEVDF**
>
> Linux 6.6において、Earliest Eligible Virtual Deadline First（EEVDF）が導入され、CFSから置き換えられました。EEVDFによってプロセスにCPUを割り当てるまでのレイテンシがCFSより短くなることが期待されています。
>
> このようにLinuxカーネルは進化を続けており、スケジューラも日々改善が進んでいます。

2.4 リアルタイムスケジューラ

現実世界の物理的な装置の制御を行うようなプロセスには、リアルタイムスケジューリングポリシーを設定することでリアルタイム性を確保することができます。

リアルタイムスケジューリング（SCHED_FIFO、SCHED_RR）では、静的に定められ

たリアルタイム優先度に従ってスケジューリングが行われるため、RUNNING状態の
プロセス数が動的に変わるような状況にあっても、決められたプロセスにCPUリソー
スを割り当てることができます。CFSのようなスケジューリングではプロセス数が増
加するに従ってCPUを割り当てられるまでの時間が変動しますが、リアルタイムスケ
ジューリングのプロセスはリアルタイム優先度に従ったCPUリソースの割り当てが行
われ、確実に実行できるようになります[1]。

　プロセスに対してリアルタイムのスケジューリングポリシーを設定するにはroot権
限が必要です。不用意にプロセスにリアルタイム優先度を与えるとシステムが不安定
になることがあるため、リアルタイムスケジューリングを持ったプロセスの扱いには
細心の注意を払いましょう。高優先度のリアルタイムプロセスがCPUリソースを手放
さないような場合、他の優先度の低いプロセスにCPUリソースを割り当てることがで
きなくなり、システムが止まってしまいます。

‖‖ Column

リアルタイム処理とは？

　例えば、アクチュエータを制御するような処理は、決められた時間内に処理を完了
させる必要があります。工場で組み立てを行うロボットアームを想像してみるとよい
でしょう。溶接を行おうとしたときにアームが遅れてしまったら危ないですね。
　そのように、実世界で厳密に時間を守る必要のある処理を**リアルタイム処理**と呼び
ます。リアルタイム性を実現するには、時間的にあいまいになる部分を排除した決定
論的（determistic）なスケジューリングが必要となります。

◉ リアルタイムスケジューリングポリシーの設定

　sched_setscheduler()システムコールを用いることにより、リアルタイムスケ
ジューリングポリシーへの変更ができます。スケジューリングパラメータのポリシーと
してSCHED_FIFOかSCHED_RR（リアルタイム優先度）を指定して、システムコールを
呼び出すことで設定されます。

　また、リアルタイムスケジューリングポリシーの設定にはchrtコマンドを使用す
ることもできます。

リアルタイム優先度の指定

　リアルタイムのスケジューリングポリシーを持つプロセスは静的なリアルタイム優
先度を持ちます。sched_setschedparam()システムコールで設定できます。

※1：ただし、リアルタイムプロセスの数があまりに多い場合はその限りではありません。リアルタイムプロセスは実
　　　時間に処理をさせることを考慮して、システムの中に限られた数だけ動作させるようにすべきです。

リアルタイム優先度は最低優先度1から最高優先度99までの整数で与えられ、常に優先度の高いプロセスがCPUリソースの割り当てを受けることになります。

ここでchrtコマンドでのリアルタイムスケジューリングポリシーと優先度設定の方法の例を挙げます。SCHED_FIFOで優先度99としたbashを起動するには以下のようなコマンドラインを実行します。

```
# chrt --fifo 99 bash
```

psコマンドを用いて、新しく起動されたbashプロセスのスケジューリングポリシーとリアルタイム優先度を確認できます。以下は$$により自分自身のPIDを確認し、そのPIDを持つプロセスの情報を見た結果です。

```
# echo $$
96003

# ps -eo 'pid,class,rtprio,comm' | grep bash
  ...
  95519 TS       - bash
  96003 FF      99 bash
  ...
```

◉ リアルタイムクラスのスケジューリングアルゴリズム

リアルタイムのスケジューリングポリシーであるSCHED_FIFO、SCHED_RRを持つプロセスにおいては**O(1)スケジューリングアルゴリズム**が用いられます。カーネル内のスケジューラは、SCHED_FIFOとSCHED_RRのためにリアルタイム優先度別のキューを持っています（図2.11）。

この図ではリアルタイム優先度99を持つプロセスAとプロセスB、リアルタイム優先度1のプロセスC、さらにリアルタイムではないプロセスDが実行されようとしています。優先度99を持つプロセスAとプロセスBは、優先度別のキューにおいて、優先度99につながれています。優先度1を持つプロセスCは、優先度1につながれています。プロセスDはリアルタイムプロセスではないため、優先度キューにはつながれません。

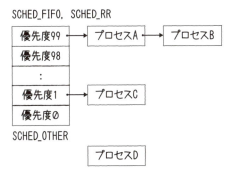

図2.11　O(1)の優先度キューの図

　O(1)スケジューラにおいては、優先度の高いものから実行するプロセスを選択していきます。この場合、優先度99のキューにあるプロセスAにCPUリソースが割り当てられて実行されます。プロセスAがCPUリソースを明け渡すと、次はプロセスBがCPUリソースを割り当てられて実行されることになります。そして、プロセスAとプロセスBがCPUリソースを明け渡すと、優先度1を持つプロセスCにCPUリソースが割り当てられます。また、CPU割り当てを待っている（実行待ちとなっている）すべてのリアルタイムプロセスがなくなると、カーネルのスケジューラはCFSスケジューラで、プロセスDにCPUリソースを割り当てます。

　リアルタイム優先度を持たないプロセスDにCPUリソースが割り当てられているときに、リアルタイム優先度を持つリアルタイムプロセスが起動されると、即座にリアルタイムプロセスにCPUリソースの割り当てが変更されます。同様に、リアルタイム優先度を持つプロセスCがCPUリソースを割り当てられているときでも、より高い優先度を持つプロセスAやプロセスBが起動された場合に、即座にCPUリソースの割り当てが変更されることになります。このような動作により、高い優先度を持つプロセスは、それより低い優先度のプロセスに邪魔されることなくCPUリソースが割り当てられ実行でき、リアルタイム性の確保、ここではプロセスの処理が実行開始するまでの遅延を最小にすることができます。

ラウンドロビン時間

あるプロセスがSCHED_RRラウンドロビンポリシーを持つとき、そのプロセスが一度に利用できる時間が**ラウンドロビンのタイムスライス（ラウンドロビン時間）**として設定されています。デフォルトでは100ミリ秒となっており、sysctlコマンドのkernel.sched_rr_timeslice_msを通じて、取得／変更が可能となっています。この時間を使い切ると、そのプロセスは同じ優先度のプロセスリストの最後に回されます。

なお、タイムスライスを使い切った際にラウンドロビンでCPUを明け渡すのは、あくまで同じ優先度のプロセスに対してのみです。優先度の低いリアルタイムプロセスやCFSポリシーのプロセスがスケジューリングされるわけではありません。

リアルタイムプロセスCPU時間の制限

リアルタイムグループスケジューリングという機能により、リアルタイムプロセスが利用できるCPU時間の制限をかけることができます。この機能により、リアルタイムプロセスの暴走によってシステムが応答を返せない状態に陥ることを避けることができます。

リアルタイム性が求められる処理は常に動作している必要はなく、特定の期限までに処理の完了が求められるものであり、リアルタイムプロセスに常にCPU時間が割り当てられているという状況はシステムとして想定外の動作と考えられるため、システムの安定性を確保するうえでリーズナブルな機能といえます。

リアルタイムプロセスCPU時間は、以下に示す、sysctlコマンドの2つのパラメータで設定可能です。

- kernel.sched_rt_period_us
- kernel.sched_rt_runtime_us

sched_rt_period_usは制限をかける際の全体の期間を表します。その期間の中で、リアルタイムプロセスはsched_rt_runtime_usまでしか動作できず、リアルタイムプロセスの実行時間がsched_rt_runtime_usで指定された時間を超えるとリアルタイムプロセスにはCPUが割り当てられなくなります。この制限はsched_rt_period_usだけ経過するたびにリセットされます。

2.5 デッドラインスケジューラ

デッドラインスケジューラは、Linux 3.14から導入された新たなスケジューラであり、一定の期間ごとに期限（デッドライン）が来る処理を行うプロセス向けのスケジューラです。**EDF**（Earliest Deadline First）という、最も早く期限を迎えるプロセスを優先するスケジューリングアルゴリズムが採用されています。

デッドラインスケジューリングポリシーを適用する際には、ポリシー設定と同時にスケジューリングパラメータとして「期間」「必要なCPU時間」「期限（デッドライン）」を与えます。スケジューラは期間内の期限までに処理が完了できるようにCPUリソースを割り当てます。

厳密なリアルタイム性を確保するため、ある期限までに「必ず」処理を終わらせたいときに使います。

デッドラインスケジューリングポリシーを持ったプロセスは、従来のリアルタイムスケジューリングポリシー(SCHED_FIFO, SCHED_RR)より高い優先度を持ち、デッドラインスケジューリングポリシーを持ったプロセスが最優先で処理されます。そのため、デッドラインスケジューリングクラスとして、リアルタイムクラスのプロセスや、Fairクラスのプロセスよりも先にデッドラインスケジューリングクラスに該当するプロセスがいないかがチェックされます。

● デッドラインスケジューリングのアルゴリズム

デッドラインスケジューラは、プロセスに設定されたスケジューリングパラメータに従い、デッドラインを保証するようにプロセスをスケジューリングします。

具体的な例を図2.12に挙げます。

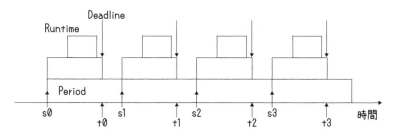

図2.12　デッドラインスケジューラ

図2.12で示されているのは、s0⇔s1、s1⇔s2、s2⇔s3、……というそれぞれの期間で、デッドラインであるt0、t1、t2、……までにRuntime分のCPUリソースを与えることを保証している様子です。一定の期間（Period）の周期があり、その中にデッドライン（Deadline）が定められています。さらに処理にかかる時間（Runtime）が指定されているため、デッドラインが来る前に、Runtime分のCPUリソースがプロセスに割り当てられることを保証するようにスケジューリングされます。

デッドラインスケジューリングポリシーを設定する際には、スケジューリングのパラメータとして、Period、Deadline、Runtimeを指定します。指定されたパラメータに従い、デッドラインを守るようにCPUリソースが割り当てられるようになります。

デッドラインスケジューリングポリシーはsched_setattr()システムコールによって設定でき、SCHED_DEADLINEとデッドラインスケジューリング用のパラメータを指定して呼び出すことで変更できますが、デッドラインを守ることができないようなパラメータでスケジューリングポリシーの設定変更が要求された場合、スケジューリングポリシーの設定変更は失敗します。

なお、デッドラインスケジューリングポリシーを持つプロセスはforkできません。fork処理はカーネル内のリソース管理観点では非常に複雑であり、決定的な時間での処理が不可能だからです。

◉ デッドラインスケジューリングポリシーの適用例

例として、次のプログラムを用意しました（筆者の動作環境はUbuntu 22.04）。なお、無限ループでメッセージを出力し続ける処理のため、本来のデッドラインスケジューリングとは異なります。

```c
#include <linux/sched.h>
#include <linux/sched/types.h>
#include <memory.h>
#include <stdio.h>
#include <errno.h>
#include <unistd.h>
#include <sys/syscall.h>
int sched_setattr(pid_t pid, const struct sched_attr *attr, unsigned int flags)
{
    return syscall(__NR_sched_setattr, pid, attr, flags);
}
int main(int argc, char **argv){
    struct sched_attr attr;
    memset(&attr, 0, sizeof(attr));
    attr.size = sizeof(attr);
    attr.sched_policy = SCHED_DEADLINE;
    attr.sched_runtime = 500000;
    attr.sched_deadline = 900000;
    attr.sched_period = 1000000;
    if (sched_setattr(0, &attr, 0)) {
            perror("sched_setattr");
            return 1;
    }
    for (;;) {
            printf("test\n");
    }
    return 0;
}
```

本プログラムをコンパイルして実行すると、デッドラインスケジューリングポリシーが適用されたあとメッセージを表示し続けます。

```
$ gcc -o edf edf.c

$ sudo ./edf
```

psコマンドで、デッドラインスケジューリングポリシーが適用されていることが確認できます。

```
$ ps -eo 'pid,class,comm'|grep edf
   2607 DLN edf
```

◉ chrtコマンドでのポリシー適用例

chrtコマンドを使ってデッドラインスケジューリングポリシーを指定することも可能です。

```
# chrt -d -T 500000 -P 1000000 -D 900000 0 <command>
```

- -dもしくは--deadlineでデッドラインスケジューリングポリシーを指定します
- -Tもしくは--sched-runtimeで必要なCPU時間を指定します
- -Pもしくは--sched-periodで期間を指定します
- -Dもしくは--sched-deadlineでデッドラインを指定します

　上記の例では1,000,000ナノ秒の期間ごとに、500,000ナノ秒のCPU時間が必要で、900,000ナノ秒をデッドラインとして指定したプロセスを起動します。
　例えば以下のようにして、デッドラインスケジューリングポリシーが適用された状態でbashコマンドを起動できます。

```
# chrt -d -T 500000 -P 1000000 -D 900000 0 /bin/bash
```

　ただし、デッドラインスケジューリングポリシーが適用されているプロセスはforkできないため、シェルとしては役に立たないでしょう。コマンド実行をしようとすると以下のようなエラーが出力されて実行できないことがわかります。

```
bash: fork: retry: Resource temporarily unavailable
```

第 3 章

メモリ管理

3.1 メモリ管理とは？

本章ではLinuxのメモリ管理について説明します。メモリは一時的な記憶装置であり、高速にデータを読み書きできます。人間にたとえると、脳で記憶することに似ています。

図3.1　各デバイスの処理速度とデータ容量

人間は見聞きしたことを脳で瞬時に記憶できますが、時間が経つと忘れてしまいます。瞬時に多くのことを記憶することもできません。そのためにメモを残します。これはディスクに書き出すのに似ています。メモを残すのも、ディスクの読み書きも、コストがかかります。

メモリはディスクに比べると容量が少ないのですが、高速なのがメリットです。Linuxカーネルにはこのメモリをできるだけ有効に使うための工夫が多くあります。それではメモリ確保の仕組みから見ていきます。

3.2 メモリ確保の仕組み

まずはユーザ空間におけるメモリ確保の仕組みから説明します。C言語では`malloc()`関数でメモリを確保します。この`malloc()`はLinuxカーネルのシステムコールではありません。

malloc()はglibcが提供しています。glibcはmalloc()の内部でbrk()かmmap()というシステムコールを実行してメモリを確保します。malloc()で要求されたサイズが128KB以下だと、glibcはbrk()でスタックのヒープ領域からメモリを確保します。128KB[※1]よりも大きいサイズのメモリ要求の場合は、mmap()を実施します。

ユーザプロセスは小さいサイズのメモリの確保、解放を頻繁に繰り返す可能性があります。malloc()で16バイトを要求しても、glibcがbrk()で16バイト分を実行する、つまり単純にカーネルへ丸投げしているわけではありません。システムコールの実行はオーバーヘッドが大きいため、malloc()の要求サイズが128KB以下の場合は、初回のbrk()で132KBのメモリをglibc内に確保します。そして、例えばmalloc()で16バイトを要求したときには、カーネルに依頼するのではなく、この132KBから16バイトなど小さいメモリを工面します。

これでシステムコールの回数が削減できます。なおフラグメントにより余計なメモリを浪費をしないように、また複数スレッドからメモリ要求があっても同時にメモリを割り当てられるよう設計されています（図3.2）。

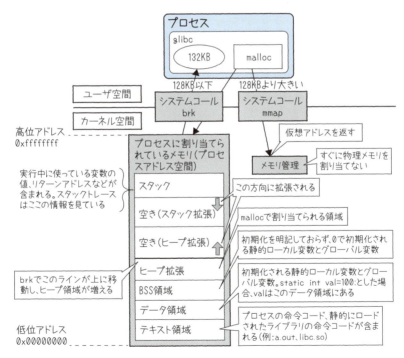

図3.2　プロセス関連のメモリ管理

※1：この「128KB」という値はmallopt()のM_MMAP_THRESHOLDで変更できます。

図3.2にあるプロセスアドレス空間は、プロセスとしてプログラムの実行に必要な
メモリです。

これはカーネルがプロセスを生成するときに用意します。テキスト領域にはプログ
ラムをコンパイルした結果の命令の塊（バイナリ）が含まれます。テキスト領域は読
み取り専用です。データ領域、BSS領域はプログラムの変数が格納され、読み書きが
発生します。スタック領域には、プロセス実行中の関数呼び出しの履歴や、その実行
中のローカル変数の値などが含まれます。

テキスト領域、データ領域、BSS領域のサイズはsizeコマンドで確認できます。

```
$ size /usr/bin/top
   text    data     bss     dec     hex filename
 109226    5704  163184  278114   43e62 /usr/bin/top
```

/proc/<PID>/mapsではスタックやヒープのアドレスがわかります。

右端のパス名がない行はmmap()された領域です。また、inode番号が0の行はBSS領
域です。

```
$ cat /proc/1361/maps
559e451f7000-559e45200000 r--p 00000000 08:13 6554106        /usr/bin/dbus-daemon
559e45200000-559e45223000 r-xp 00009000 08:13 6554106        /usr/bin/dbus-daemon
559e45223000-559e45230000 r--p 0002c000 08:13 6554106        /usr/bin/dbus-daemon
559e45231000-559e45233000 r--p 00039000 08:13 6554106        /usr/bin/dbus-daemon
559e45233000-559e45234000 rw-p 0003b000 08:13 6554106        /usr/bin/dbus-daemon
559e45b6f000-559e45b90000 rw-p 00000000 00:00 0              [heap]    // ヒープ領域
559e45b90000-559e45cc4000 rw-p 00000000 00:00 0              [heap]    // ヒープ領域
～省略～
7f4775098000-7f47750a5000 r--p 00000000 08:13 6566249        /usr/lib64/libdbus-1.so.3.19.11
7f47750a5000-7f47750d7000 r-xp 0000d000 08:13 6566249        /usr/lib64/libdbus-1.so.3.19.11
7f47750d7000-7f47750ec000 r--p 0003f000 08:13 6566249        /usr/lib64/libdbus-1.so.3.19.11
7f47750ec000-7f47750ee000 r--p 00053000 08:13 6566249        /usr/lib64/libdbus-1.so.3.19.11
7f47750ee000-7f47750ef000 rw-p 00055000 08:13 6566249        /usr/lib64/libdbus-1.so.3.19.11
7f47750ef000-7f47750f1000 rw-p 00000000 00:00 0              // BSS、またはメモリにmmapした領域
～省略～
7f477513e000-7f477513f000 rw-p 0002c000 08:13 6565996        /usr/lib64/ld-2.31.so
7f477513f000-7f4775140000 rw-p 00000000 00:00 0              // BSS、またはメモリにmmapした領域
7ffeaa5dd000-7ffeaa5fe000 rw-p 00000000 00:00 0              [stack]   // スタック
7ffeaa7a8000-7ffeaa7ac000 r--p 00000000 00:00 0              [vvar]
7ffeaa7ac000-7ffeaa7ae000 r-xp 00000000 00:00 0              [vdso]


アドレス    パーミッション    オフセット    デバイス(メジャー番号:マイナー番号)    inode番号    パス名
```

3.2.1 VSZ、RSS、PSS

プロセスはメモリを確保して、さまざまな処理を行いますが、その確保したメモリのすべてをすぐに使うとは限りませんし、結果として必要以上のメモリを要求していたということもあるはずです。Linuxカーネルのメモリ管理はこれを考慮しています。

プロセスからメモリ要求があると、カーネルはメモリを予約して、その予約した領域を示す仮想メモリアドレスを返しますが、まずはこれだけです。カーネル内で物理メモリの確保はしません。実際に使われた（書き込みがあった）ときにはじめて物理メモリを用意します。

`malloc()`で1GBを要求したあとにスリープするだけの簡単なサンプル（プロセス名はmalloc）を実行すると、以下のようにVSZは1GBですが、RSSは576KBでした。

```
$ ps aux
USER      PID      %CPU  %MEM  VSZ      RSS   TTY     STAT  START   TIME   COMMAND
[...]
1000      2613287  0.0   0.0   1050912  576   pts/25  S+    21:39   0:00   ./malloc
```

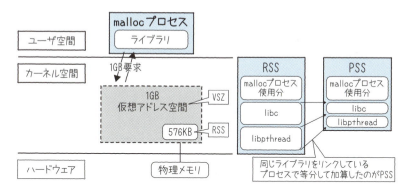

図3.3 mallocサンプルプロセスのメモリ利用イメージ

ここで1GBを示しているVSZ（Virtual Memory Size）とは仮想メモリサイズです。RSS（Resident Set Size）は物理メモリの使用量です。この値はプロセスの他に共有ライブラリが使用しているメモリも含まれます。共有ライブラリの使用メモリ量をロードしている複数プロセスで分割した値で算出するPSS（Proportional Set Size）もあります。

PSSは`smem`コマンド、`pmap`コマンドなどで確認できます。RSSは、上の例のように

psコマンドでも確認ができます。

3.2.2 オーバーコミット

先ほど、サンプルで1GBの`malloc()`を実施しました。実際にはメモリを消費しないため、100個の`malloc`プロセスを起動してもシステム（物理メモリ32GBを搭載したマシン）は快適に動作しました。なぜ搭載している物理メモリ量よりもメモリを確保できてしまうのでしょうか？

システム全体でメモリの使用状況は常に変化しており、少し待つだけでメモリが解放されるかもしれません。そんな状況下で、プロセスがメモリをすぐに使用しない可能性があるのに、厳密に物理メモリサイズしか確保できないとなると、非常に堅苦しいのです。そのためLinuxカーネルは物理メモリサイズ以上のメモリ割り当てができるようになっています。これを**オーバーコミット**と呼びます。

オーバーコミットには3つのモードがあり、`/proc/sys/vm/overcommit_memory`で設定できます。デフォルトは0で、プロセスは物理メモリサイズとスワップサイズの合計までメモリを確保できます。1に設定すると、常にオーバーコミットできます。サイズ制限はありません。2に設定すると、オーバーコミットが無効になります。物理メモリサイズとスワップサイズの合計の50%までメモリ確保ができます。この50という値はデフォルト値であり、`/proc/sys/vm/overcommit_ratio`で変更できます。

それではオーバーコミットで大きいサイズのメモリを確保して、実際にメモリを使った場合にはどうなるでしょうか？　空きメモリが十分あればよいのですが、メモリが不足することもあります。

3.2.3 メモリの回収

Linuxカーネルはメモリが不足すると、メモリの回収を試みます。メモリ確保の要求に応えられないときや、空きメモリが少なくなって、しきい値に達したときに回収を実施します。しきい値は`/proc/zoneinfo`で確認できます。以下は物理メモリが32GBのマシンにおけるNormalゾーン[2]の値で、単位はページです。各ゾーンにmin、low、highの3つのしきい値があり、空きメモリがlowを下回るとkswapdカーネルスレッドによりメモリ回収を始め、空きメモリがhighまで回復すると回収を停止します。

※2：Normalゾーンとはメモリゾーンの1つです。メモリゾーンとはハードウェアのDMAの都合で分割した領域であり、64bitマシンの場合、ゾーンはDMA、DMA32、Normalに分けられます。0〜16MBがDMA、16MB〜4GBがDMA32、4G以降のメモリ領域がNormalとなります。

```
$ cat /proc/zoneinfo
～省略～
Node 0, zone   Normal
  pages free    3473889
        min      36275
        low      43921
        high     51567
```

空きメモリがminを下回ると、プロセスのメモリ要求でメモリの回収を実施します。

これらのしきい値は/proc/sys/vm/watermark_scale_factor（デフォルト値は10）など複数の要素から決定されますが、計算式は複雑です。要素の1つであるwatermark_scale_factorはkswapdの積極性を制御するパラメータです。10を設定するとメモリゾーンのサイズに対して0.1%が利用可能になるまでkswapdが回収をしようとします。設定値の最大は3000であり、これは30%を意味します。

しきい値はwatermark_scale_factorの他に/proc/sys/vm/min_free_kbytesや、/proc/zoneinfoのmanagedから計算されます。ゾーンごとに計算式も少し変化しますので、しきい値を変更する場合は/proc/zoneinfoを確認しながらがよいでしょう。

スワップアウトとは、メモリ内の使われていないデータをスワップデバイスに退避することです。また、逆に必要となったデータをスワップデバイスからメモリに戻すことをスワップインといいます。

note

よく間違えられやすいのですが、kswapdはスワップデバイスにスワップアウト／インだけをするデーモンではありません。メモリを回収をするデーモンです。メモリを回収する延長でスワップアウト／インもします。

メモリの回収処理では、ページキャッシュ、スラブキャッシュのクリア、スワップアウトなどを行います。グラフィックなど規模の大きいドライバは独自にメモリを管理していることがあるので、それらのドライバにメモリ解放の指示もします（スラブについては3.3節を参照）。

Linuxカーネルは、メモリ回収でメモリ不足を解消できない場合、一度で諦めず何度かリトライします。しかしそれでも回収できなかった場合は、Linuxカーネルは苦肉の策でプロセスを強制終了させ、メモリを解放します。この機能はOOM（Out Of Memory）Killerと呼ばれます。

● OOMKiller

OOMKillerはメモリ不足解消に効果があるプロセスを選定して、強制終了させます。プロセスの選定ルールを次にまとめました。

1. swapoffでスワップを無効にしようとしているプロセス、またはecho 2 >/sys/kernel/mm/ksm/runでKSM[※3]を無効にしようとしているプロセスがいる場合、メモリ回収と逆の行動をしているため、まずこれらのプロセスを選定する
2. これらのプロセスがない場合は、以下の条件を満たすと、メモリを要求したプロセスを選定する
   - /proc/sys/vm/oom_kill_allocating_taskが1である
   - ユーザプロセスである
   - initプロセス（PID 1）ではない。またカーネルスレッドではない
   - /proc/<PID>/oom_score_adjが-1000ではない：/proc/<PID>/oom_score_adjはプロセス選定の調整に使用される値です。範囲は-1000〜1000で、デフォルト値は0です。この値が大きいほど選ばれやすくなり、-1000はOOMKillerによるプロセス選定の対象外となります。例えば、OOMKillerにより強制終了させたくないプロセスは、事前にoom_score_adjを負の値に設定しておきます。
3. 1.と2.の条件がすべて当てはまらず、メモリを要求したプロセスが選ばれなかった場合、/proc/sys/vm/panic_on_oomが1であれば、この時点でパニックする
4. panic_on_oomが0の場合、以下の確認と独自のポイント計算を全プロセスに実施して、ポイントの一番高かったプロセスを選定する
   - initプロセス（PID 1）ではない。またカーネルスレッドではない
   - fork中の子プロセスは除外する：forkされようとしている子プロセスは、まだメモリは親プロセスと共有しており、子プロセス自体はメモリを消費していません。親プロセスが選定されない可能性もあるので、fork中の子プロセスは除外します
   - プロセスのRSS＋ページテーブル消費量＋swap使用量の合計をポイントに加算する：消費メモリが多いとポイントが増えます
   - /proc/<PID>/oom_score_adjに ((物理メモリサイズ＋スワップサイズのページ数)／1,000)を掛けた値をポイントに追加する
5. ポイントが一番高かったプロセスにSIGKILLを送信して、強制終了させる

OOMKillerによりプロセスは強制終了されてしまいますが、Linuxカーネルは生き続けることができます。ただし、過去にはシステムの空きメモリがあっても、

※3：KSM（Kernel same-page Merging）とは同じ内容のページをまとめて、共有する機能です。同じ内容のページが2つあって、1ページにまとめると、1ページ分の節約になります。

OOMKillerが動作する場合がありました。まれなケースですが、カーネル内で連続領域が確保できなかった場合です（連続領域については3.4節を参照）。

これに対応するため、メモリの断片化を解消するコンパクション機能があります。コンパクションは小さいサイズの空きメモリを組み替えて、大きいサイズの連続領域にします。コンパクションはメモリ回収のタイミングで自動的に実施されるときもありますが、以下のコマンドで任意のタイミングで実行できます。

```
echo 1 > /proc/sys/vm/compact_memory
```

3.3 Linuxでのメモリ管理

カーネルにおける動的なメモリ管理の方法としては以下の3つがあります。

- Buddyアロケータ（ページアロケータ）
- スラブアロケータ
- vmalloc

3.3.1 Buddyアロケータ

スラブアロケータの説明に入る前にその前段となるBuddyアロケータについて簡単に説明します。BuddyアロケータがLinuxにおけるメモリ管理の基本となるアロケータです。物理メモリの最小構成単位は1バイトですが、Buddyアロケータでは1バイト単位でのメモリ管理は行いません。ある程度まとまったサイズの塊に論理的に区切って管理します。このサイズの塊をページと呼びます。x86_64アーキテクチャの場合は1ページは通常4KB（4,096バイト）となっています。

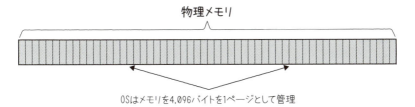

図3.4　ページ

Linuxでは1ページのサイズを4KBより大きいサイズで扱うことができます。4KBより大きいサイズのページを扱いたい場合はhuge pageという機能を使います。この機能を使うことで1ページのサイズを2MBや1GBなどに設定することも可能です。

　カーネルがメモリを管理する場合、まずページ単位でのメモリを管理します。このページ単位でのメモリ管理を行うのがBuddyアロケータです。ただしBuddyアロケータは、ページ単位での管理となるので細かいサイズのメモリを確保したい場合には向きません。そのため、より細かい単位でのメモリを管理する仕組みとしてスラブアロケータやvmallocがあります。スラブアロケータやvmallocではバイト単位でのメモリ確保・解放を行うことができますが、これらのメモリを管理するためにBuddyアロケータからページを確保して、そのページで要求されたサイズのメモリを管理します。

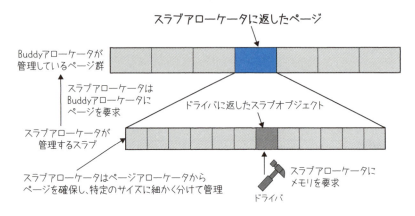

図3.5　スラブアロケータとBuddyアロケータ

　Buddyアロケータによるページの管理状況は/proc/buddyinfoや/proc/pagetypeinfoで確認できます。Linuxにおけるページ管理の実装は実際にはもっと複雑なためここでは紹介しきれません。より詳しく知りたい方はソースコードを参照してみてください。

3.3.2　スラブアロケータ

　スラブアロケータはSun Microsystems社（現Oracle社）のSolarisにて最初に実装された、Linuxカーネル内で動的にメモリを取得・解放するための機能です。

　ユーザ空間で動作するアプリケーションプログラムでは動的にメモリを取得・解放するときにmalloc()関数を利用しますが、カーネル空間で動作するLinuxカーネルで

はmalloc()関数は利用できません。スラブアロケータはカーネル内における
malloc()関数の代わりとなるような機能です。

◉ Linuxのスラブアロケータ

　本書ではスラブアロケータのデバッグ機能（カーネルのコンフィグではCONFIG_
DEBUG_SLAB）は使用しない前提で説明します。Linuxカーネルのバージョンは5.15.0
で説明をします。Linux 5.15.0には3種類のスラブアロケータが存在します。

Column
本書中でのスラブ関連の表記

　本書ではスラブアロケータの特定の実装ではなく、メモリを管理する機能としての
スラブアロケータについては「スラブアロケータ」と表記します。対して、特定の実
装についての名称は「SLABアロケータ」「SLUBアロケータ」のようにアルファベット
部分を大文字で表記します。スラブアロケータが管理するメモリの単位（malloc()で
のチャンク）に該当するオブジェクトは「スラブオブジェクト」や「スラブキャッシュ」
のように表記します。そしてスラブオブジェクトの集合を「スラブ」と表記します。

◉ スラブアロケータの基本仕様

　スラブアロケータでは任意のサイズのメモリを要求することができますが、スラブ
アロケータは管理を容易にするため、16バイト、32バイト、48バイト、64バイト、
128バイトなどのように比較的よく使われるサイズのスラブオブジェクトを作成し、
管理します。したがって、スラブの作成時は特定サイズのスラブオブジェクトを管理
するためのスラブを作成します。

　また、スラブは用途を問わない汎用的なスラブと特定用途向け（例えばnsproxy構
造体のためのスラブやpid構造体向けのスラブなど）のスラブを作成することができ
ます。特定用途向けにスラブを作成することでメモリの管理を効率的に行えるという
利点があります。

図3.6　さまざまなサイズのスラブオブジェクト

　スラブは特定サイズごとに作成されるため、要求されたサイズが用意されたスラブオブジェクトのサイズと合致していない場合はスラブアロケータは要求されたサイズを満たすサイズにサイズを切り上げて、切り上げたサイズのスラブよりスラブオブジェクトを返却します。例えば、要求が12バイトであれば、スラブオブジェクトのサイズが16バイトのスラブから、未使用のスラブオブジェクトを返却します。

◉Linuxがサポートしているスラブアロケータ

　Linux 5.15.0では3種類のスラブアロケータが利用できます。どのスラブアロケータを利用するかはカーネルのコンパイル時に指定します。利用できるスラブアロケータは次の3種類です。

- SLABアロケータ
- SLUBアロケータ
- SLOBアロケータ

　以前はSLABアロケータがデフォルトで利用されてましたが、Linux 2.6.23からはSLUBアロケータがデフォルトのスラブアロケータとなりました（ディストリビューションによっては引き続きSLABアロケータをスラブアロケータとして選択しているものもあります）。本書ではLinuxのデフォルトとして利用されているSLUBアロケータについて説明します。

　SLUBアロケータはLinux固有のスラブアロケータの実装であり、Linux 2.6.23からLinuxでのデフォルトのスラブアロケータとなりました。SLUBアロケータはSLABアロケータと同じくスラブオブジェクトをサイズごとに管理します。

◉ スラブキャッシュの一覧

カーネル内に存在するスラブキャッシュの情報は**sysfs**コマンドで確認することができます。通常のディストリビューションでは**/sys/kernel/slab**に存在します。

```
$ ls /sys/kernel/slab
:0000016  :0001088    :A-0000192      bio_integrity_payload ⏎
dm_uevent                fanotify_fid_event      ip6_mrt_cache ⏎
kmalloc-cg-128  ksm_stable_node     request_queue         tw_sock_TCP
:0000024  :0001200    :A-0000200      biovec-128 ⏎
dnotify_mark             fanotify_path_event     ip_dst_cache ⏎
kmalloc-cg-16   kvm_async_pf        request_sock_subflow  tw_sock_TCPv6
:0000032  :0002048    :a-0000256      biovec-16 ⏎
dnotify_struct           fanotify_perm_event     ip_fib_alias ⏎
kmalloc-cg-192  kvm_mmu_page_header  request_sock_TCP      UDP
～省略～
:0000768  :A-0000136  bio-200       dma-kmalloc-64 ⏎
ext4_io_end_vec          iommu_iova               kmalloc-64 ⏎
kmem_cache        pte_list_desc      TCP
:0000800  :a-0000144  bio-224       dma-kmalloc-8 ⏎
ext4_pending_reservation  ip4-frags               kmalloc-8 ⏎
kmem_cache_node  radix_tree_node     tcp_bind_bucket
:0000832  :A-0000184  bio-256       dma-kmalloc-8k ⏎
ext4_prealloc_space       ip6_dst_cache           kmalloc-8k ⏎
ksm_mm_slot       RAW                TCPv6
:0001024  :a-0000192  bio_crypt_ctx  dma-kmalloc-96 ⏎
ext4_system_zone          ip6-frags               kmalloc-96 ⏎
ksm_rmap_item     RAWv6              trace_event_file
```

※誌面の都合上、⏎で改行しています。

◉ スラブの名前

先に示した**/sys/kernel/slab**ディレクトリには**:0000512**、**skbuff_head_cache**などのディレクトリや、**file_lock_cache**、**pid**などのシンボリックリンクが存在します。これらディレクトリ名やシンボリックリンクファイル名がスラブの名前です。スラブ名のディレクトリにはスラブの情報を含んだファイルが存在します。これらのファイルの内容についてはカーネルに付属のドキュメント（**Documentation/ABI/testing/sysfs-kernel-slab**）にて説明されています。

なお、**/sys/kernel/slab**ディレクトリにてスラブがディレクトリ、シンボリックリンクファイルとなる理由については次節にて説明します。

```
$ ls :0000512
aliases   cache_dma    cpu_slabs  destroy_by_rcu  min_partial  object_size ⏎
objs_per_slab  partial  reclaim_account  remote_node_defrag_ratio  shrink ⏎
slabs_cpu_partial  store_user    trace     validate
align   cpu_partial  ctor    hwcache_align   objects     objects_partial ⏎
order     poison   red_zone     sanity_checks         slabs ⏎
slab_size       total_objects  usersize
```

※誌面の都合上、⏎で改行しています。

◉ スラブのマージ機能

先に、「スラブアロケータは用途ごとにスラブを分けることができる」と説明しました。これとは逆に同じサイズのスラブは1つにまとめることもできます。Linux 5.15では、デフォルトとして同一サイズのスラブをまとめるようになっています。スラブを用途ごとに分ける場合、用途ごとにスラブがあり効率的な面もある一方、用途ごとにスラブを作成する必要があるため、メモリの使用量という点では非効率になる場合もあります。

そこで、同一サイズのスラブをまとめるのがスラブのマージ機能です。マージ機能を利用する設定はカーネルのビルド時に行います。この設定はディストリビューションによって違い、例えばUbuntu 22.04では同一サイズのスラブはまとめるようになっていますが、Fedora 36はマージ機能を利用していません。

スラブのマージ機能を利用する場合、スラブの名前はエイリアスとして管理されます。以下のリストではecryptfs_dentry_info_cache、ext4_io_end_vec、fsnotify_mark_connector、sd_ext_cdbの4つのスラブが:0000032へのシンボリックリンクとなっています。

```
$ ls -la | grep -- "-> :0000032"
lrwxrwxrwx   1 root root 0 Jun  1 13:49 ecryptfs_dentry_info_cache -> :0000032
lrwxrwxrwx   1 root root 0 Jun  1 13:49 ext4_io_end_vec -> :0000032
lrwxrwxrwx   1 root root 0 Jun  1 13:49 fsnotify_mark_connector -> :0000032
lrwxrwxrwx   1 root root 0 Jun  1 13:49 sd_ext_cdb -> :0000032
```

この場合は、:0000032が32バイトのスラブの本体となり、ecryptfs_dentry_info_cache、ext4_io_end_vec、fsnotify_mark_connector、sd_ext_cdbは:0000032のエイリアスとなっています。このエイリアスのスラブが/sys/kernel/slabディレクトリにおけるシンボリックリンクファイルとなっています。

ディレクトリ名を見ていると、32バイトのスラブでも名前の先頭にアルファベットの「a」や「A」が付いているものがあります。これらはシンボリックリンクでは

なく、独立したスラブです。

```
$ ls -la /sys/kernel/slab/ | grep 0000032
drwxr-xr-x  2 root root 0 Jul 19 09:39 :0000032
drwxr-xr-x  2 root root 0 Jul 19 09:39 :a-0000032
drwxr-xr-x  2 root root 0 Jul 19 09:39 :A-0000032
```

カーネルソースコードに付属の「Short users guide for SLUB」にはこれらの意味は書かれていませんが、`mm/slub.c`を読むと理解できます。それによると、先頭のアルファベットはスラブの用途や種別を意味しています。

Linux 5.15では「A」や「a」を含めて5種類が定義されています。各アルファベットの意味は以下のようになっています。

- `d`：DMAで使用する
- `D`：32ビットのDMAで使用する
- `a`：ページアロケータによって回収されることが許可されている
- `F`：スラブのデバッグ機能が有効になっているスラブ
- `A`：memory control groupnにてメモリの使用量が管理される

● スラブオブジェクトの管理方法

あるサイズを管理するためのスラブには、そのサイズで作成されたスラブオブジェクトのみが存在します。図3.7はスラブオブジェクトをサイズごとに管理しない場合の例です。スラブの利用が進むと、このようにページ内の未使用領域がスラブオブジェクトとして使われていきます。

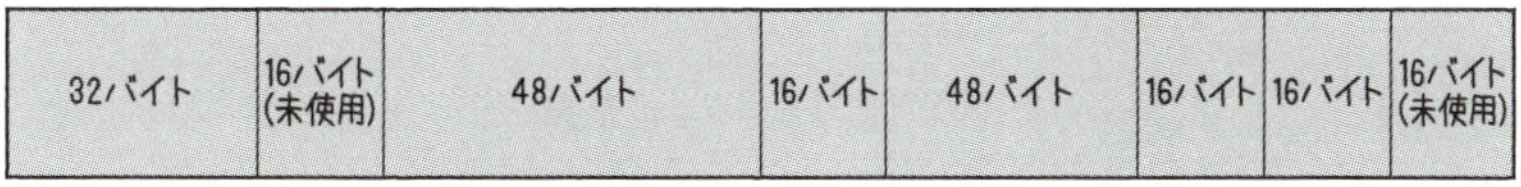

32バイト	16バイト (未使用)	48バイト	16バイト	48バイト	16バイト	16バイト	16バイト (未使用)

図3.7　スラブオブジェクトをサイズごとに管理しない場合

この図では16バイトの空き領域が2つあります。1ページで複数のスラブオブジェクトを管理しているので一見効率がいいようにも見えますが、ここには欠点もあります。

図では空き領域としては32バイトありますが、これらの空き領域はアドレスとしては連続していません。そのため、この状態で32バイトのスラブオブジェクトを確保することはできません。このようにスラブオブジェクトをサイズごとに管理しない

場合、「ページ内の空き領域を合計すれば要求を満たすメモリの空き容量はあるものの、未使用領域が複数に分かれているため要求を満たせない」という状況（フラグメンテーション）が発生します。一方、スラブオブジェクトをサイズごとに管理する場合、フラグメンテーションの問題は発生しません。

SLUBアロケータはどのようにスラブオブジェクトの使用／未使用の状態を管理しているのでしょうか。SLUBアロケータの場合、未使用スラブオブジェクトの管理はメタデータを別途保持せずにオブジェクトそのものに次の空きオブジェクトのアドレスを書き込み、連結リストのように管理しています。これにより、空きオブジェクトを管理するために別途メタデータを使用しなくて済むように設計されています。

アドレスはスラブオブジェクトの先頭に書き込みます。最後の空きスラブオブジェクトには次のオブジェクトがないため、NULLを設定します。このような仕様により、SLUBアロケータでは使用中のスラブオブジェクトを管理していません。未使用のスラブオブジェクトのみがリストにつながれて管理されます。

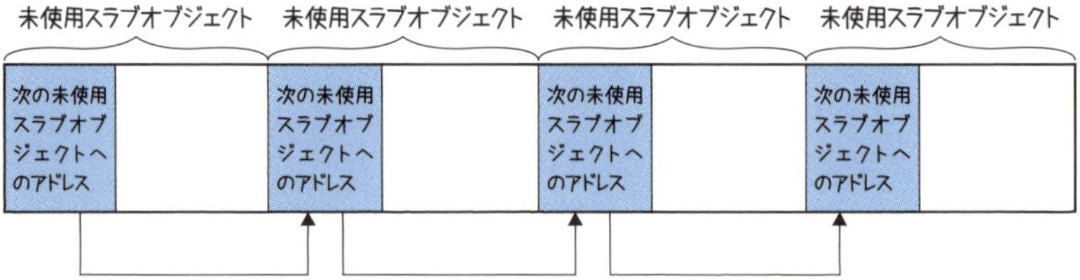

図3.8　スラブのリスト

SLUBアロケータの場合、1つのスラブオブジェクトは非常にシンプルでオブジェクトの先頭に次の未使用オブジェクトへのアドレスを持つだけです。

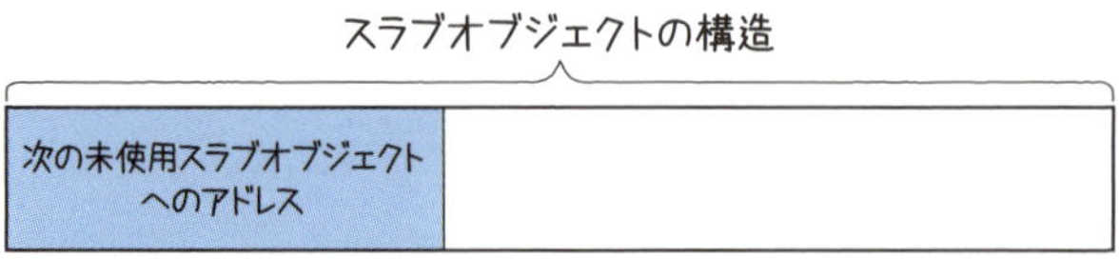

図3.9　スラブオブジェクトの構造

3.3.3　スラブを管理するデータ構造

スラブを管理するデータには、次の4つの構造体が使われています。

- kmem_cache構造体：スラブを管理するメインの構造体。スラブのサイズなどのメタデータ、kmem_cache_cpu構造体へのポインタ、kmem_cache_node構造体の配列などを含む
- kmem_cache_cpu構造体：CPUにひも付くスラブを管理する構造体
- kmem_cache_node構造体：NUMAノード[※4]ごとに存在するスラブの情報を管理する構造体。SLUBアロケータの場合、未使用のスラブオブジェクトがあるスラブページの連結リスト、連結リスト内のページ数を管理する
- page構造体：ページに関する構造体。スラブのデータもこの構造体に含まれる

スラブの作成、スラブオブジェクトの要求／解放などの操作が行われるとこれらのデータ構造の更新が行われます。

3.3.4　スラブオブジェクト確保と解放時の挙動

SLUBアロケータは、kmalloc()などによるスラブオブジェクトの要求時になるべく効率よくスラブオブジェクトを返すように工夫を行っています。効率化は主に、「CPUとスラブのページ」という観点で行われています。

◉CPUとスラブの関係

先に説明したようにスラブの作成は、まず1ページのメモリ領域を確保し、そこにスラブオブジェクトを作成していきました。ここでまずは確保したページへのアクセスを効率化します。

Linuxでは**per-CPU variables**という機能があり、CPUごとにCPU固有のデータを置くことができます。SLUBアロケータはスラブの作成時に実行していたCPUのper-CPU variablesにスラブのデータを保存します。特に重要なのは次回のスラブ要求時に返却するスラブオブジェクト（freelistと呼ばれています）とページの情報です。SLUBアロケータではkmem_cache_cpu構造体にページやfreelistの情報が保持されます。

スラブの状態にCPUも含めると、図3.10のようにCPUはper-CPU variablesを参照し、そこからkmem_cache_cpu構造体を参照します。kmem_cache_cpu構造体はスラブオブジェクトに利用しているページやfreelistを参照しています。

※4：NUMAについては本書では説明は行いません。ここでは「そのような構造体がある」という程度で覚えてください。

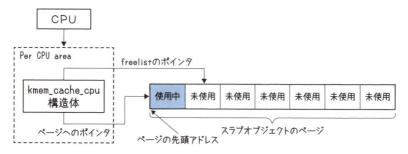

図3.10　CPUを含めたスラブの状態イメージ

続いて、スラブオブジェクトを解放した場合にどのようにリストを更新するかを説明します。まず、スラブの状況と解放したいスラブオブジェクトの関係が次のようになっているとします。

図3.11　スラブオブジェクト解放前

スラブオブジェクトを解放すると次のようになります。

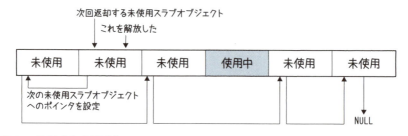

図3.12　スラブオブジェクト解放後

1. 解放前に設定されていた「次回返却する未使用スラブオブジェクト」のアドレスを、解放するスラブオブジェクトの次のスラブオブジェクトとして指すようにする
2. 次に返却するスラブオブジェクトとして、解放したスラブオブジェクトを設定する

● CPUにひも付いていないスラブオブジェクトを解放した場合

　解放するスラブオブジェクトのページがCPUにひも付いていない場合はどうでしょうか。図3.13では、現在CPUにひも付いているスラブとは別に、「すべてが利用中」なスラブが存在しています。ここで、このスラブにあるスラブオブジェクトを解放します。

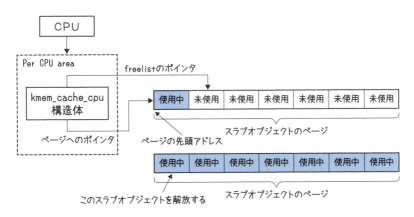

図3.13 「すべて利用中」なスラブのオブジェクトを解放する

　そうすると、図3.14のようにスラブオブジェクトを解放したスラブがCPUにひも付き、解放したスラブオブジェクトが次回のスラブオブジェクト要求時に返却されるようになります。

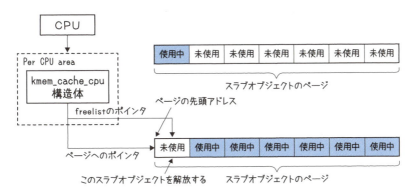

図3.14 解放したスラブオブジェクトが次回使われる

◉利用可能なスラブオブジェクトを見つける

　ではここで、スラブオブジェクト確保の要求が来て、先ほど返却対象となったスラブオブジェクトを返却した場合はどうなるかを見ておきましょう。現在CPUにひも付いているスラブには空きはありません。そのため、次の2つの方針がとられます。

1. 未使用のスラブオブジェクトが存在するスラブを探してそのスラブをCPUにひも付ける
2. 利用可能なスラブがなければ新たなスラブを作成する

　未使用のスラブオブジェクトを持つスラブを見つける場合、まず1.の「未使用のスラブオブジェクトが存在するスラブ」を検索します。この検索でスラブが見つかった場合は、そのスラブがCPUにひも付きます。もし利用可能なスラブが見つからなかった場合はスラブを新規作成します。

◉スラブキャッシュの情報を確認する

　スラブの情報は/sys/kernel/slabにて確認することができますが、Linuxカーネルに付属するslabinfoコマンドで確認することもできます。slabinfoはカーネルのtools/vmにあるので、このディレクトリでmakeします。ビルドに成功するとslabinfoコマンドが作成されています。

```
$ cd tools/vm

$ ls
Makefile   page_owner_sort.c   page-types.c   slabinfo.c   slabinfo-gnuplot.sh

$ make
〜略〜

$ ls
Makefile   page_owner_sort   page_owner_sort.c   page-types   page-types.c ⏎
slabinfo   slabinfo.c   slabinfo-gnuplot.sh
```

※誌面の都合上、⏎で改行しています。

　slabinfoコマンドで利用できるオプションを確認するには-hオプションを利用します。例えば、-Xオプションを使用すると見やすい形でスラブの情報が表示されます。

```
$ sudo ./slabinfo -X
Slabcache Totals
----------------
Slabcaches :          169    Aliases  :      150->73   Active:    114
Memory used:     93388800    # Loss   :      2710920   MRatio:     2%
# Objects  :       377995    # PartObj:         1857   ORatio:     0%

～略～
Slabs sorted by number of partial slabs
---------------------------------------
Name                  Objects Objsize       Space Slabs/Part/Cpu ⏎
O/S O %Fr %Ef Flg
task_struct               451    6464     3211264      88/28/10 ⏎
5 3  28  90
```

※誌面の都合上、⏎で改行しています。

　より詳細な使い方については-hオプションまたはカーネルに付属のドキュメント（Documentation/vm/slub.rst）を参照してください。

3.3.5 SLAB アロケータのセキュリティ機能

　ここまでの説明では説明を簡単にするため、SLUBアロケータのセキュリティやデバッグ系機能を利用しない場合にて説明を行ってきましたが、一般的なLinuxディストーションではSLUBアロケータのセキュリティ機能が有効になっています。ここではSLUBアロケータに含まれる2つのセキュリティ機能を紹介します。

◉ SLAB_FREELIST_RANDOM

　まずはSLAB_FREELIST_RANDOMです。未使用のスラブオブジェクトは次の未使用オブジェクトへのポインタを保持していて、未使用スラブオブジェクトを管理する連結リストとなっています。SLAB_FREELIST_RANDOMを利用しない場合、この連結リストはメモリアドレスの低位にあるオブジェクトから上位にあるオブジェクトに向かってつながります。SLAB_FREELIST_RANDOMを利用するとこのリストのつながり方がランダムになります。

　スラブ作成直後のfreelistの状況は次のようになります。

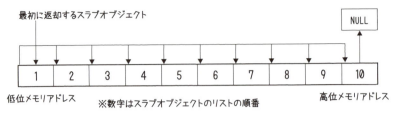

図3.15　SLAB_FREELIST_RANDOMを利用しない場合

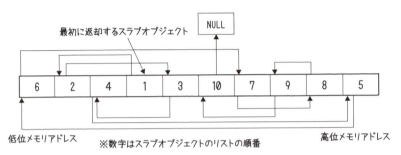

図3.16　SLAB_FREELIST_RANDOMを利用する場合

　SLAB_FREELIST_RANDOMの利点はカーネルコンフィグのヘルプテキストに書かれており、「新しいページの作成に使用されるフリーリストの順序をランダム化します。このセキュリティ機能は、ヒープオーバーフローに対するカーネルスラブアロケータの予測可能性を低下させます。」と説明されています。

　freelistをランダム化していない場合リストは、メモリ上に作られたスラブオブジェクトの低位アドレスから高位アドレスに向かって連続してつながっています。そのため、スラブオブジェクト要求後の次回スラブオブジェクト要求時に返却されるスラブオブジェクトがどれになるかが推測しやすい状況となっています。もし、カーネルにヒープオーバーフローのバグが存在した場合、ヒープオーバーフローにより次に返却されるスラブオブジェクトに対して細工を仕掛けるといったことが可能になります。

　リストがランダム化されている場合は隣のオブジェクトに細工を施してもそれが狙いどおりに使われるように仕向けることが難しくなります。heap sprayingという攻撃方法もあるため100%安全とは言い切れませんが、セキュリティの向上に役立つ機能です。

図3.17　リストをランダム化しない場合

図3.18　リストをランダム化する場合

● SLAB_FREELIST_HARDENED

　SLAB_FREELIST_HARDENEDもfreelistに対する悪用を防ぐための機能です。ただしKconfigのヘルプテキストでは「この機能を利用する場合、多少の性能劣化がある」と説明されています。この機能が最初にマージされたときのコミットログ[※5]によると、機能の無効時と比べて0.07%ほど性能に劣化が見られたと記録されています。このくらいであれば通常の利用には問題ないことがほとんどではないでしょうか。

　SLAB_FREELIST_HARDENEDを利用する場合、スラブの初回作成時にそのスラブ用に乱数を取得します。そして、スラブオブジェクト作成時に設定する空きオブジェクトの連結リストで、オブジェクトに書き込むアドレスをアドレスと先ほど取得した乱数を使ってXORし、難読化してから書き込みます。freelistを取得する際は難読化された値と乱数をXORして、難読化を解除してから返します。リストの状態を図にすると図3.19のようになります。

※5：https://github.com/torvalds/linux/commit/2482ddec670fb83717d129012bc558777cb159f7

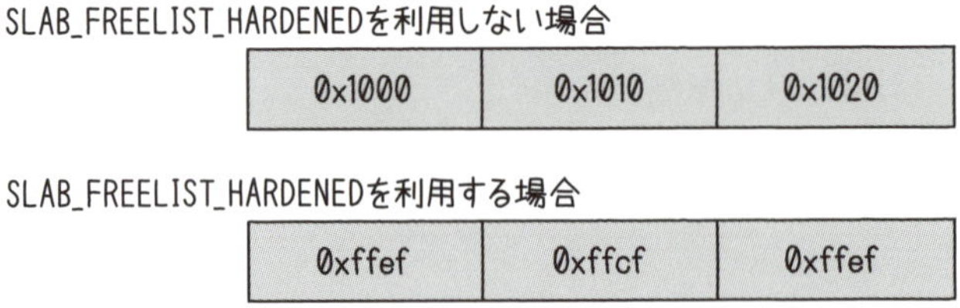

SLAB_FREELIST_HARDENEDを利用しない場合

| 0x1000 | 0x1010 | 0x1020 |

SLAB_FREELIST_HARDENEDを利用する場合

| 0xffef | 0xffcf | 0xffef |

図3.19　SLAB_FREELIST_HARDENED

　アドレスを難読化することの利点は、freelistのアドレスを書き換えるような攻撃を難しくすることにあります。ヒープオーバーフローによりfreelistのアドレスを書き換えることができるバグがあったとしても、freelistの取得時には難読化の解除が行われるため、適切なアドレスを設定するためには攻撃者は乱数の値を知っている必要があるのです。

Column
SLABアロケータとSLOBアロケータ

　SLABアロケータはSun Microsystems社（現Oracle社）のSolarisにて開発されたスラブアロケータがベースになっています。スラブオブジェクトの管理にはスラブオブジェクトの状態に応じて複数のリストを使用します。使用するリストは、使用中オブジェクトが存在しないempty list、使用中オブジェクトと空きオブジェクトが存在するpartial list、すべてオブジェクトが使用中のfull listという3つのリストがあります。SLABアロケータもスラブオブジェクトはサイズごとに管理します。

　SLOBアロケータはシンプルな実装で、K&Rアロケータとも呼ばれています。SLOBアロケータはLinuxで使用可能なスラブアロケータの1つですが、SLABアロケータやSLUBアロケータと違い、スラブをオブジェクトのサイズによって分けていません。1つのスラブでさまざまなサイズを取り扱います。これは書籍『プログラミング言語C』におけるmalloc()の実装と同様で、これがK&Rアロケータとも呼ばれるゆえんです。

　SLOBアロケータは、スラブ用にページを確保してそのページより要求されたサイズに合うスラブオブジェクトを切り出して返却します。SLOBアロケータでメモリを確保するときのスラブページの状況は図3.20のようになります。未使用の領域から要求されたサイズの空きがある領域を探し、そこから必要なサイズを切り出してスラブオブジェクトとして返却します。

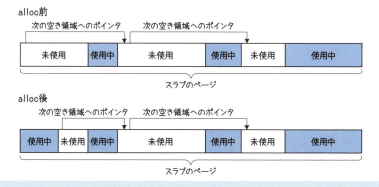

図3.20　SLOBアロケータ

　SLOBアロケータはLinux 6.4で削除されました。SLOBはメモリのフットプリントが小さいスラブアロケータでしたが、実装が削除されるためSLUBアロケータより機能を少なくしたバージョンのSLUBアロケータがSLOBアロケータの代わりとして利用できるようになりました。この機能はカーネルのコンフィグレーションで**SLUB_TINY**を有効にすることで利用できますが、16MB以上のRAMを持つシステムでの利用は推奨されていません。また、SLABアロケータはLinux 6.8で削除され、SLUBアロケータがLinuxカーネルの唯一のスラブアロケータとなりました。

3.4 vmalloc

　vmalloc()もカーネルにおけるメモリ確保の機能です。vmalloc()もスラブアロケータをバックエンドとするkmalloc()と同様に確保したいメモリのサイズを引数として受け取ります。利用方法はkmalloc()と同様ですが実装は異なっています。

　1ページサイズ（通常は4,096バイト）を超えるメモリをkmalloc()で確保する場合、領域が物理的に連続したページが確保されます。vmalloc()ではkmalloc()と違い物理的に連続したページが確保される保証はありません。

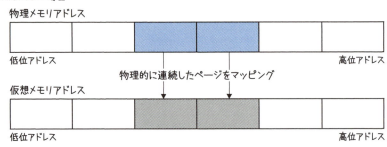

図3.21 kmalloc()による領域確保

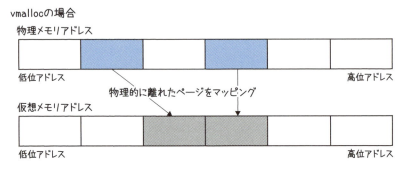

図3.22 vmalloc()による領域確保

またスラブアロケータとの違いとしては、次のような点も挙げられます。

- メモリは事前に確保されておらず、要求があったときにページを確保する
- ページは要求されたサイズを満たす最小のページ数を確保する
- ガードページと呼ばれるページも確保する

例えば64バイトのメモリをvmalloc()を用いて確保した場合のページの利用状況は図3.23のようになります。

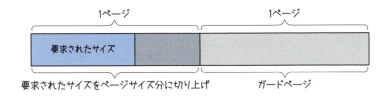

図3.23 64バイトのメモリを確保したイメージ

　64バイトのメモリを要求されているので、これを1ページ（4,096バイト）でアライメントすると必要なページ数は1ページとなります。さらにガードページとして1ページ必要なため、vmalloc()の内部処理としては2ページ（8,192バイト）が確保されます。

　ガードページは、プログラムのヒープオーバーフローバグを用いた本来のサイズを超えた位置への書き込みを行う攻撃に対する防御に使われます。もしバグによりオーバーライトが可能な場合でも、ガードページによりオーバーフローが検知されてカーネルはエラーメッセージ（カーネルが異常を検知した際に表示されるエラーメッセージはOOPSとも呼ばれます）を出し、それ以上の実行は行われません。次のエラーメッセージはvmalloc()で16バイトのメモリを確保し、確保したメモリの先頭アドレスが0xffffbb5d0051b000だったときに4,097バイトの書き込みを行ったときのログです。

```
[   47.378487] BUG: unable to handle page fault for address: ffffbb5d0051c000
[   47.378489] #PF: supervisor write access in kernel mode
[   47.378490] #PF: error_code(0x0002) - not-present page
[   47.378491] PGD 100000067 P4D 100000067 PUD 1001d8067 PMD 1018b2067 PTE 0
[   47.378496] Oops: 0002 [#1] SMP NOPTI
```

　vmalloc()の返り値のアドレスが0xffffbb5d0051b000なので、ガードページの開始アドレスは0xffffbb5d0051b000＋0x1000で0xffffbb5d0051c000となります。つまりログに出ているffffbb5d0051c000はガードページのアドレスだということがわかります。ガードページとして利用されているページは実際のメモリにマッピングされていませんが、そのページに対して書き込みを行ったことでページフォルトが発生したためエラーとなったということがわかります。

3.4.1 vmalloc() とページアロケータ・スラブアロケータの使い分け

メモリを確保したい場合にvmalloc()とページアロケータ、スラブアロケータのいずれを使うのか、という疑問も出てくるかもしれません。

vmalloc()の特徴として「物理的には連続していないが仮想アドレスとしては連続したメモリ領域を確保できる」ということがありました。そのため、vmalloc()の一番の使いどころとしては、「物理的に連続してなくてもよいので、ページサイズよりも大きいサイズのメモリを確保したい」ような場合でしょう。

なお、kvmalloc()という関数もあり、これは「kmalloc()でメモリを確保できなかった場合はvmalloc()でメモリを確保する」という処理を行います。Linux 5.15ではkvmalloc()を利用しているサブシステムは少ないものの、このような機能も存在していることは覚えておきましょう。

3.4.2 Virtually Mapped Kernel Stack

Linux 4.9からVirtually Mapped Kernel Stackという機能がマージされました。これはカーネルのスタックとして利用するメモリ領域をvmalloc()による仮想アドレスとして、連続したページを使うようにする機能です。これにより、メモリの使用量が多い状況でもカーネルスタックとして利用するメモリの確保が行いやすく（ページは物理的に連続している必要はないので物理的に連続したページを確保するよりも容易）、スタックオーバーフローへの対策にもなるという利点が得られます。

利用しているカーネルでこの機能が有効かどうかを確認するには、カーネルのコンフィグファイルにてCONFIG_HAVE_ARCH_VMAP_STACKとCONFIG_VMAP_STACKの値を見ましょう。これらがyになっていればカーネルのスタック領域はvmalloc()により確保されています。ただカーネルスタックが必要になるたびにvmalloc()を実行していると性能が劣化するため、スタックとして利用する領域をCPUごとにNR_CACHED_STACKS個（Linux v5.15では2）までキャッシュしておくようになっています。

Virtually Mapped Kernel Stackでもガードページを領域外へのアクセス検知に利用しています。スタックで確保した領域を越えたアドレスにアクセスを行った場合、ページフォルトが発生し、エラーとなります。

```
[   49.414018] BUG: TASK stack guard page was hit at 00000000b073522c ⏎
(stack is 000000001fca852c..00000000bee3e372)
[   49.414046] stack guard page: 0000 [#1] SMP NOPTI
```

※誌面の都合上、⏎で改行しています。

　先ほどのヒープオーバーフローの例と多少メッセージは違いますが、ページフォル
トのエラーハンドリングはどちらの場合も`page_fault_oops()`にて行われます。こ
の関数内で通常のヒープオーバーフローなのかVirtually Mapped Kernel Stack利用時
のカーネルスタックのオーバーフローなのかの判定が行われ、スタックオーバーフロ
ーの場合とヒープオーバーフローの場合でそれぞれのエラー処理が行われます。

3.4.3 利用しているメモリ状況の確認

　スラブアロケータは/sys/kernel/slab/で利用状況を確認できましたが、
`vmalloc()`と`ioremap()`は/proc/vmallocinfoにて確認できます。このファイルは
5カラム目に使用用途が表示されます。次のリストはgrepで`vmalloc`に絞って表示さ
せたときのものです。

```
$ sudo cat /proc/vmallocinfo | grep " vmalloc " | head -n 5
0xffffbb5d0000c000-0xffffbb5d0000e000 ⏎
8192 gen_pool_add_owner+0x4b/0xd0 pages=1 vmalloc N0=1
0xffffbb5d0000e000-0xffffbb5d00010000 ⏎
8192 bpf_prog_alloc_no_stats+0x36/0x170 pages=1 vmalloc N0=1
0xffffbb5d00010000-0xffffbb5d00015000 ⏎
20480 dup_task_struct+0x50/0x310 pages=4 vmalloc N0=4
0xffffbb5d00015000-0xffffbb5d00017000 ⏎
8192 gen_pool_add_owner+0x4b/0xd0 pages=1 vmalloc N0=1
0xffffbb5d00018000-0xffffbb5d0001d000 ⏎
20480 dup_task_struct+0x50/0x310 pages=4 vmalloc N0=4
```

※誌面の都合上、⏎で改行しています。

　また、確保したバイト数が多い順に表示させたのが次のリストです。合計8,192バ
イト（2ページ）の確保が最も多く、それ以外は20,480バイト（4ページ分）のメモ
リを確保しているものが多いということが見えてきます。

```
$ sudo cat /proc/vmallocinfo | awk '{print $2}' | sort -h | uniq -c | ⏎
sort -h -t " " -k2 -r | head -n 5
    726 8192
    506 20480
     27 135168
     18 24576
      9 16384
```

※誌面の都合上、⏎で改行しています。

第 4 章

ファイルシステム

本章ではLinuxのファイルシステムについて説明します。

コンピュータ上のデータは電源を切っても残るようにどこかに保存しておく必要があります。メモリの内容は電源を切ると消えてしまうので、永続的にデータを保存するにはディスクに書き込みます。ディスク上にデータを書き込むには通常**ファイル**という形で書き込みます。この機能を実現するのが**ファイルシステム**です。

4.1 ファイルの構造

ファイルシステムを説明する前に、まずはシステムの中のファイルの配置について説明します。

Linuxではファイルシステムはルートディレクトリ（/）から始まる階層構造となっています。ルートディレクトリはトップディレクトリとも呼ばれ、その中にいくつかのディレクトリがあり、またそれらの下にディレクトリがある、という入れ子構造になっています。

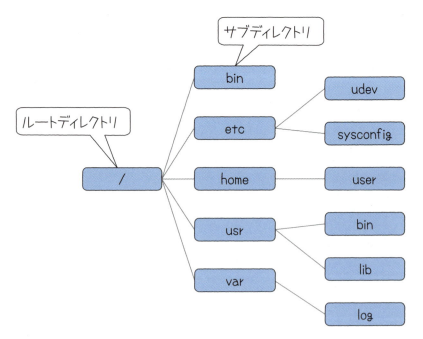

図4.1　ルートディレクトリから始まる階層構造

ルートディレクトリ以下のディレクトリ構成は、Filesystem Hierarchy Standard（FHS）で配置構成の推奨が示されています。読者が使っているLinuxもほとんどは、このFHSに準じていると考えられますが、厳密にはディストリビューションで多少の違いがあります。

　Linux Foundationのページ[※1]に詳しい説明がありますが、ここでは代表的なもの、知っておきたいものについて説明します。

- /etcには設定ファイルを置く
- /libにはライブラリを置く。ディストリビューションではlibとlib64の2つが存在することもあり、lib64には64ビットバイナリが置かれる[※2]
- /varは「variable」の略。さまざまなデータを置くディレクトリであり、主にログや一時的なファイルが置かれる。特に、FHSでは /usrを読み取り専用にするために、システム運用中に書き込むファイルは/varを活用するよう記載されている
- /optには追加のアプリケーションパッケージを置く。サードパーティからアプリケーションを購入してインストールすると、この/optにファイルが書き込まれることが多い
- /devにはデバイスを示す特別なファイルが置かれる（例：/dev/sda、/dev/ttyなど）。ベンダごとにさまざまなデバイスがあり、それぞれ扱い方が異なるとユーザの負担になるため、デバイスファイルとして抽象化することでファイル操作でデバイスを扱うことができ、利用が簡単になったり、ディスクなど一部のハードウェアが変更されてもアプリケーションはそのまま動かすことができるようになったりする

　他にも、/proc、/sysというディレクトリがあり、ここにファイルの作成はできません。/dev、/proc、/sysについては後ほど説明します。

　ルートディレクトリ以下の任意のディレクトリにファイルシステムをマウントできます。ルートディレクトリに1つだけファイルシステムをマウントしてもいいですし、その下のどこかのディレクトリに別のファイルシステムをマウントしてもかまいません。システム起動時にどこに何のファイルシステムをマウントするかは/etc/fstabというファイルで指定します。

　また、ルートディレクトリ直下にマウントするファイル構造を**ルートファイルシステム**と呼び、ルートファイルシステムの中にあるディレクトリをさらに別のファイルシステムでマウントできます。

※1：https://refspecs.linuxfoundation.org/FHS_3.0/fhs/index.html
※2：現在は64ビット環境が主流ですが、32ビット環境から64ビット環境への移行が進んだ過渡期にそれぞれのファイルが混在したため、区別する目的でlib64ができました。

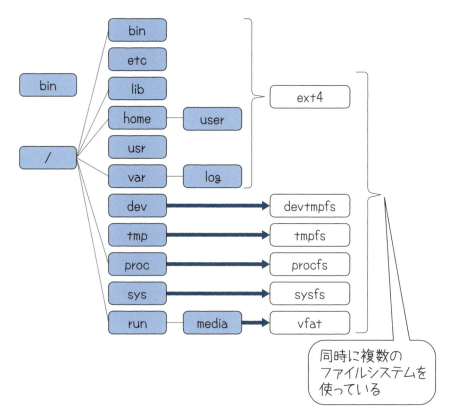

図4.2　さまざまなファイルシステムのマウント

例えば図4.2のように、/procや/sysはそれぞれprocfs、sysfsでマウントされます。USBメモリが接続されるとvfatやntfsでマウントされたりします。どのディレクトリが、どのファイルシステムでマウントされているかはmountコマンドで確認できます。

また、起動しているLinuxで使用できるファイルシステムの種類は/proc/filesystemsで確認できます。

4.2 ルートファイルシステムのマウント

ルートファイルシステムがマウントされるまでの仕組みを簡単に説明します。

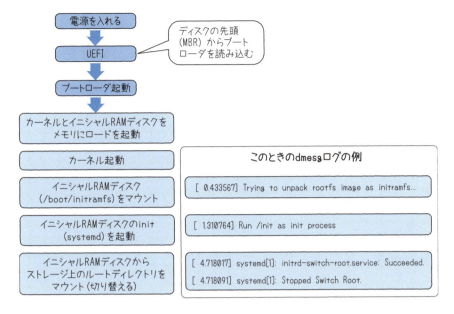

図4.3　ルートファイルシステムがマウントされる流れ

　一般的なPCにLinuxをインストールしている場合、システムにログインできるようになるまでに多くの処理があります。

　PCの電源を入れるとUEFIと呼ばれるPCに内蔵された特別なソフトウェアが起動して、そこから、どのOSを起動するかを決めるブートローダというプログラム（Linuxの場合は起動するカーネルも決める）が動きます。

　ブートローダがカーネルを起動する際には、まずイニシャルRAMディスク（initrd／initramfs）と呼ばれるブート専用の小さなファイルシステムをルートファイルシステムとして使います。このあと、起動処理がある程度進んだ段階で/etc/fstabに書かれた真のルートファイルシステムを使うようになります。

　イニシャルRAMディスクがどのようなものかを確認するには、実際にファイルの中身を確認するのがよいでしょう。initramfsファイルは以下のコマンドで展開できます。カーネルのバージョン名はuname -rと同じことが多いです。

```
$ sudo lsinitrd --unpack /boot/initramfs-<カーネルのバージョン>.img
$ ls
bin  dev  etc  init  lib  lib64  proc  root  run  sbin  shutdown  sys  sysroot  tmp  usr  var
```

　initrdファイルは以下のコマンドで展開できます。

```
$ sudo zcat /boot/initrd-<カーネルのバージョン>.img | cpio -id
```

> **Column**
>
> ### イニシャルRAMディスクのメリット
>
> イニシャルRAMディスクを利用するメリットの1つに、「デバイスドライバをローダブルモジュールとしてイニシャルRAMディスクに含めておくことで、カーネルには必要なデバイスドライバだけを組み込めるようにできる」ということがあります。これによりカーネルのバイナリ本体のサイズを削減できます。

4.2.1 /bin と /sbin を /usr/bin と /usr/sbin に統合

利用しているディストリビューションによっては、ルートディレクトリに対してlsコマンドを行ったときに/binなどがusr/binへのリンクになっているのを見たことがあるかもしれません。

```
$ ls -la /*bin /lib*
lrwxrwxrwx. 1 root root 7 Jan 19 2023 /bin -> usr/bin/
lrwxrwxrwx. 1 root root 7 Jan 19 2023 /lib -> usr/lib/
lrwxrwxrwx. 1 root root 9 Jan 19 2023 /lib64 -> usr/lib64/
lrwxrwxrwx. 1 root root 8 Jan 19 2023 /sbin -> usr/sbin/
```

このように変更された理由はいくつかあります。

●統合の理由①：互換性を維持するため

例えば、some_cmdというコマンドがあるとして、ディストリビューションAでは/bin/some_cmdにあり、ディストリビューションBでは/usr/bin/some_cmdとなっている場合、some_cmdを利用するソフトウェアはコマンドがどちらのパスにあるかを適切に処理しなければなりません。

この場合、/binと/usr/binが統合されていれば/bin/some_cmdでも/usr/bin/some_cmdどちらも利用でき、ソフトウェア側はディストリビューションごとの違いを気にする必要がなくなります。

これはLinuxディストリビューション間の差異だけでなく、他のUnix環境との差異の解決にもなります。

●統合の理由②：よりモダンに

FSHの説明では/bin、/sbin、/libはルートディレクトリに含まれる前提となっており、起動に必要なコマンドやライブラリを置くディレクトリとされています。しかし/usrがルートファイルシステムとは別のパーティションに存在する場合、/usrに存在するコマンドは起動処理の時点では使えないということも考えられています。

システムを起動するためにはさまざまな処理が実行されますが、そこで必要となるコマンドやライブラリがルートファイルシステムにないと困ります。そのため、/binや/libなどがルートファイルシステム上に独立して存在する必要がありました。

しかし、最近はイニシャルRAMディスクを利用します。そうすることで、まずはイニシャルRAMディスクの起動処理からルートファイルシステムのマウントを行います。このとき/usrが別のパーティションになっていても/usrをマウントできます。そのため、ルートファイルシステムが切り替わったあとでも問題なく/usrにアクセスすることができます。つまり/libや/binが/usrにあっても問題ありません。

このような理由により、/bin、/libなどのディレクトリが/usr/bin、/usr/libなどの/usrへ統合されることになりました。

4.3 ┃ ファイルの種類

それでは、具体的なファイルの説明に移ります。ファイルにはいくつかの種類があります。

●通常ファイル

viなどのテキストエディタで作成したテキストファイル、ダウンロードした画像ファイルやPDFファイルなどユーザが扱うファイルのほとんどは、カーネルではこの通常ファイル（regular file）に分類されます。

●シンボリックリンク

中身はリンク先のファイルシステムツリー上のファイルになっています。この種類のファイルを読み書きするとリンク先のファイルを操作できます。

●ディレクトリ

そのディレクトリ内にあるファイル（通常ファイルやディレクトリなど）の一覧、

および親ディレクトリとなるファイルの情報を持っています。

◉ **特殊ファイル**

ソケット、パイプ、共有メモリファイル、デバイスファイルなど、特殊なファイル
もあります。

4.3.1 ファイルの種類の確認

通常、ファイルやディレクトリは、ext4やVFAT、XFS、btrfsのようなファイルシ
ステムで管理されます。これらファイルの種類はstatコマンドで確認できます。

```
$ ls -l -n
合計 4
drwxrwxr-x 2 1000 1001 4096  8月 28 09:48 dir-test
lrwxrwxrwx 1 1000 1001    6  8月 28 09:48 sym-test.c -> test.c
-rw-rw-r-- 1 1000 1001    0  8月 28 09:48 test.c

$ stat test.c
  File: test.c
  Size: 0          Blocks: 0          IO Block: 4096     通常の空ファイル
Device: 802h/2050d Inode: 4350631    Links: 1
〜省略〜

$ stat dir-test/
  File: dir-test/
  Size: 4096       Blocks: 8          IO Block: 4096     ディレクトリ
Device: 802h/2050d Inode: 4366661    Links: 2
〜省略〜

$ stat sym-test.c
  File: sym-test.c -> test.c
  Size: 6          Blocks: 0          IO Block: 4096     シンボリックリンク
Device: 802h/2050d Inode: 4350902    Links: 1
〜省略〜
```

他にも、後述するprocfsやsysfsなどの疑似ファイルシステムの中に存在する疑似フ
ァイルなどがあります。

このように通常ファイルや疑似ファイルそれぞれに対して、複数のファイルシステ
ムが関連しますが、ファイルシステムごとに使い方は変わりません。すべて同じよう
に扱えます。これは、次節で述べるVFS層で実現しています。VFS層はユーザ空間と
ext4やXFSなどのファイルシステムの間にあります。同様に疑似ファイルや特殊ファ
イルのファイルシステムもVFS層の下に存在します。

4.4 VFS

VFS（Virtual FileSystem）は、さまざまなファイルシステムを管理し、インタフェースを提供する層です。図4.4にあるように、各ファイルシステムとシステムコールの間にあります。

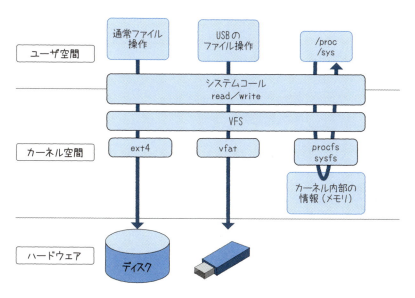

図4.4　VFS層

システムコールの実行をまずはVFSで受け、VFSはファイルにより対応するファイルシステムに割り振ります。そのため、どのファイルもVFSが定める同じインタフェースで操作できます。

Linuxはデータだけではなくディレクトリ構造の情報やinodeの情報もファイルシステム層でキャッシュしています。VFS層でこれらキャッシュも管理しています。

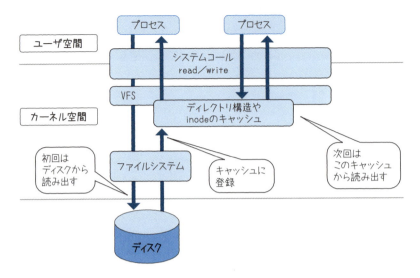

図4.5　データ以外もキャッシュしている

4.4.1 inode

　inode（Index Node）とは、ディスク上のファイルやディレクトリのメタデータを保持するためのものです。メタデータにはファイルサイズ、アクセス時間、UID/GID、パーミッション情報など、ファイルの管理情報が含まれています。inodeやディレクトリ構造はキャッシュとしてメモリ上に記憶するため、高速なファイル操作ができます。

　次節からは、それぞれのファイルシステムについて説明します。

4.5 通常ファイルにおけるファイルシステム

　カーネルには50以上のファイルシステムが実装されています。本書ではそのうちまずext4について少し詳しく説明し、他にもいくつか代表的なファイルシステムの概要を説明します。それぞれについて、説明の最後に参考URLを記載します。

4.5.1　ext4

ext4は、実績のある定番のファイルシステムです。ext4は初期のLinuxからあるext2、ext3から進化したもので、2038年問題[3]にも対応されています。

ext4はジャーナリング機能があり、ジャーナルファイルシステムとも呼ばれます。対して、旧バージョンであるext2にはジャーナリング機能はありません。ジャーナリング機能とは、ファイルシステムの修復を高速化する機能であり、ファイルの破損を防ぐ機能ではありません。

なお、正確にはext4の中にジャーナリング機能が含まれているわけではありません。ジャーナリングはjbd2（Journaling block device）と呼ばれる層で実施します。

● データ書き込み

ジャーナリング機能の説明をする前に、まずはext2におけるデータ書き込みを図4.6に示します。

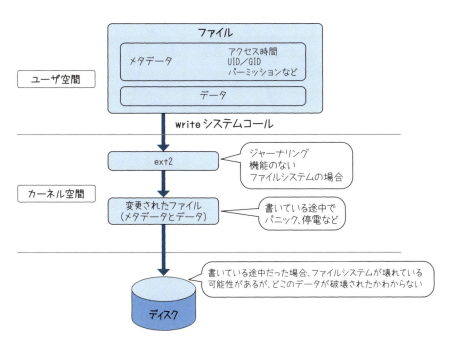

図4.6　データ書き込み（ext2）

※3：ext2／ext3では、時刻を管理するデータは32bitです。そのため、2038年までしか表現できません。ファイルシステムに限らず、このように32bitで2038年までしか表現できない問題を、2038年問題と呼びます。ext4の時刻データは64bitのため、2514年まで表現できます。

データ書き込み中に停電などが起きた場合は、ファイルシステムが不正な状態となっている可能性があります。このような場合はfsckコマンドを実行し、ファイルシステムの整合性をチェックしますが、ファイルシステムにあるどのデータが書き込み途中だったのか不明なため、確認のためにはファイルシステムを全走査する必要があります。そのため、大きいディスクの場合はかなり時間がかかります。

　続いてジャーナリング機能があるext4の場合を図4.7に示します。

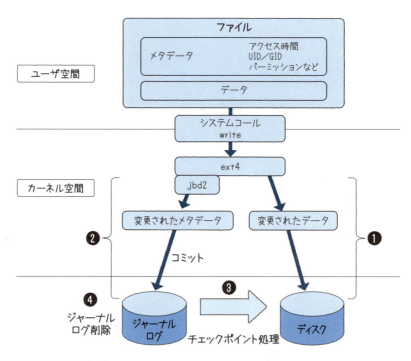

図4.7　データ書き込み（ext4）

　更新のあったファイルのデータは直接ディスクに書き込み（図中❶）、変更されたファイルのメタデータのみジャーナルログに記録します（図中❷）[※4]。このようにジャーナルログに分割することで、パニックや電源障害が発生してもディスク上の全ファイルをチェックする必要がなくなります。

　更新があって書き込み途中であったデータは、ジャーナルログにあるメタデータで特定できるためジャーナルログだけチェックすれば、ファイルシステムの整合性を確認できます。なお、❷の前に必ず❶を完了させます。また図ではジャーナルとディスクが別になっていますが、一般的には同じディスクにジャーナル領域は含まれていま

※4：ジャーナリングモードがデフォルトのorderedの場合の挙動です。

す。❷が完了することをトランザクションがコミットされたといいます。トランザクションのコミットは「所定の時間（デフォルトでは5秒）を経過したとき」などに実施されます。

　ジャーナルログに書かれていることをすべてディスクに反映させれば、ファイルシステムとして整合性がとれた状態になります。この反映タイミングのことをチェックポイント、反映処理のことをチェックポイント処理（図中❸）と呼びます。チェックポイント処理には、例えば「ジャーナルログが所定量を超えたとき」「アンマウントしたとき」などがあります。

　チェックポイント処理（❸）の完了前に、パニックや電源障害が発生した場合は、fsckコマンドで高速にファイルシステムの修復ができます。fsckがジャーナルログの書き出しを実施するだけです。データの書き出し(❶)やメタデータの書き出し(❷)の完了前にパニックや電源障害が発生した場合はファイルシステムの整合性は保たれますが、書き出す予定だったデータやメタデータは失います。

・https://www.man7.org/linux/man-pages/man5/ext4.5.html

> **Column**
> **他のジャーナルシステム**
>
> 他のジャーナルファイルシステムとしては、有名なところではXFSがあります。

4.5.2　VFAT

　WindowsのFATファイルシステムをLinuxで扱うためのファイルシステムであり、USBメモリでデータのやりとりによく使われます。VFATのファイルの最大サイズは2GBなので注意が必要です。

・https://man7.org/linux/man-pages/man8/mkfs.vfat.8.html

4.5.3　Btrfs

　Btrfsは多くの機能を持つコピーオンライトファイルシステムです。データ破損の

自動検出、スナップショット、オンラインデフラグ、圧縮、RAID、サブボリューム
など多くの機能がありますが、修復や管理にも重点を置いています。

・https://man7.org/linux/man-pages/man8/btrfs-filesystem.8.html

4.6 メモリファイルシステム

　メモリファイルシステムにはtmpfsなどがあります。これらのファイルシステム上
に作成したファイルは、ディスクではなくメモリに保存されます。再起動すると消え
てしまうため、一時的なファイルの保存場所として使用します。
　tmpfsはよく/tmpにマウントされます。/tmpに大きなファイルを置くと、その分メ
モリが消費されるため注意が必要です。しかし、メモリは読み書きが高速なので、
straceなどのログ出力場所を/tmpにすることがよくあります。これにより、システ
ムに与えるログ出力自体の負荷の影響を抑えることができます。

4.7 疑似ファイルシステム

　procfs、sysfs、devtmpfsなどは疑似ファイルシステムと呼ばれ、これらは起動時
にマウントされていることが多いです。以下のmountコマンドで確認できます。

```
$ mount -t proc,sysfs,devtmpfs
sysfs on /sys type sysfs (rw,nosuid,nodev,noexec,relatime)
proc on /proc type proc (rw,nosuid,nodev,noexec,relatime)
devtmpfs on /dev type devtmpfs (rw,nosuid,size=16358884k,nr_inodes=4089721,mod
e=755,inode64)
```

　これらファイルシステムのデータはメモリファイルシステムと同様、ディスク上に
は存在しません。procfs、sysfsのファイルにアクセスするとカーネル内の情報が出力
されます。例えば/proc/meminfoはカーネルが管理しているシステムのメモリ使用
量についての情報を出力します。
　ここからはdevtmpfsに注目します。

4.7.1 devtmpfs

/devはdevtmpfsでマウントされます。カーネルでデバイスを検出すると、このdevtmpfsにデバイスを登録します。すると/dev/配下に登録されたデバイスのファイルが作成されます。

/devにはデバイスファイル以外にも特殊なファイルがあります。ここでは簡単に説明します。

詳細は説明の最後にあるURLを参照してください。

◉ /dev/null

このファイルに書き込んだデータは破棄されます。コマンドの出力が不要な場合には、/dev/nullに書き出します。

・https://man7.org/linux/man-pages/man4/zero.4.html[5]

◉ /dev/full

ディスクがいっぱいになっているデバイスです。意図的にこのファイルに書き込むようにして、ディスクフルのときの挙動をテストできます[6]。

・https://man7.org/linux/man-pages/man4/full.4.html

◉ /dev/loop

ループデバイスと呼ばれる仮想デバイスです。このループデバイスは、ディスクのイメージファイルをマウントして中身を見るときによく使われます。

・https://man7.org/linux/man-pages/man4/loop.4.html

◉ /dev/random、/dev/urandom

どちらも乱数を生成します。/dev/randomは適切な乱数を生成するのに、十分なエントロピーが溜まるまでブロックする（乱数の読み取りが待たされる）ことがありますが、/dev/urandomはブロックされません。

厳密な乱数でなくてもよければ/dev/urandomを使ってもよいのですが、鍵の生成などは/dev/ramdomを使用する必要があります。

※5：nullについての解説もこのURLにあります。
※6：ディスクフル以外に、人為的にI/Oエラーを発生させるには、6.3節flakeyターゲットによるI/O失敗のエミュレーションを参照してください。

・https://man7.org/linux/man-pages/man7/random.7.html

Column
最近の/dev/random

　/dev/randomの実装は最近までほとんど変更されていませんでしたが、Linux 5.6で大きく変更されました。
　Linux 5.6からはカーネル内部にあるブロッキングプールが削除され、/dev/randomと/dev/urandomはほぼ同じ実装になりました。

・https://lwn.net/Articles/808575/

　ブロッキングプールとはエントロピーを溜める入れ物です。エントロピーとは不確かさ、乱雑さを示す量です。エントロピーが多いほど複雑な乱数が生成できます。/dev/randomはこのブロッキングプールに十分な数のエントロピーが溜まるまで待つ実装でしたが、このブロッキングプールを削除したので、/dev/randomの読み取りで待たされることはありません。
　ブロッキングプールを削除した理由は、2つあります。
　1つ目はLinuxカーネルでエントロピーを頻繁に収集するようになったからです。タイマー割り込みやそれ以外の割り込みでもエントロピーを収集するようになったため、ブロッキングプールがなくても短時間で十分なエントロピーを常時確保できるようになったのです。
　2つ目は、Linuxカーネルが提供する/dev/randomの目的が変わったことです。Linux 5.5までは、AIS 20/31を規定しているドイツのBSIにより非物理真性乱数（NTG：Non-physical true RNGs）に準拠していると報告を出しています（Intel／AMDx86のみ）。
　しかし、さまざまなタイプのハードウェアをサポートするLinuxカーネルでNTGを保証することは困難です。そもそも/dev/randomには2つの大きな問題がありました。DoS攻撃によりエントロピーが消費され、枯渇することです。つまり/dev/randomを使うプロセスが長時間と待たされる可能性があります。また特権が不要なので、悪用されやすいという問題があります。このような経緯があり、ブロッキングプールが削除されました。
　そして、BSIによりLinux 5.6からは疑似乱数（DRG：Deterministic RNGs）に準拠したと報告されています。
　それではLinux 5.5より前のカーネルバージョンのディストリビューションだと/dev/randomの読み取りに必ず時間がかかるかというと、そうではありません。rngdがハードウェア乱数生成器（TRNG）によるエントロピーをカーネルに補充するので、通常は長時間待たされることはありません。

◉ /dev/shm/

このディレクトリには、shm_open()で作成したPOSIX共有メモリオブジェクトの
ファイルが置かれます。

・https://man7.org/linux/man-pages/man7/shm_overview.7.html

◉ /dev/mqueue/

このディレクトリには、mq_open()で作成するPOSIXメッセージキューのファイル
が置かれます。

・https://man7.org/linux/man-pages/man7/mq_overview.7.html

◉ /dev/zero

このファイルを読み込むと0が返されます。空のファイルを作成するときなどに使
用します。

・https://man7.org/linux/man-pages/man4/zero.4.html

/dev/zeroは、よくddコマンドで大きいサイズの空ファイルを作成するときに使
用します。例えば以下のように使いますが、1GBのファイル作成には数秒かかります。

```
dd if=/dev/zero of=zero.txt bs=1G count=1
```

ファイルの中身をランダムなデータにしたい場合は、以下のように/dev/urandom
を使用します。この場合はさらに時間がかかります。

```
dd if=/dev/urandom of=random.txt bs=1G count=1
```

なお、空ファイルの作成であれば、truncateコマンドですぐに作成できます。

```
truncate -s 1G zero.txt
```

4.8 その他のファイルシステム

　他にも特殊なファイルシステムには、pipefsやsockfs、debugfsなど多くあります。debugfsはデバッグのためのファイルシステムで、マウントするとデバッグ情報を含んだファイルを見ることができます（具体的な使い方は12.2節ftraceを参照）。

第 5 章

ブロックI/O

本章ではHDDやSSDのようなストレージデバイスをLinuxがどのように扱うかについて述べます。ユーザプログラムがLinuxからデバイスファイルにアクセスする方法は、主に以下の2つです。

- ブロックデバイスファイルを読み書きする。ブロックデバイスファイルとは、個々のデバイスあるいはパーティションに対応する特殊なファイルであり、一般に/dev以下に存在し、/dev/sdaのような名前を持つ
- ファイルシステムを介してデバイスにアクセスする。ファイルシステムへのアクセスは、内部的にファイルシステム機能によってデバイスへのアクセスに変換される

ブロックデバイスファイルから、あるいはファイルシステムからの要求に基づいてLinuxの中のデバイスドライバと呼ばれるプログラムがストレージデバイスのデータを実際に読み書きします。ストレージデバイスへのアクセス方法はデバイスの種類によって異なるため、カーネル内にはさまざまなストレージデバイス用のデバイスドライバが存在します。このようにユーザプログラムからストレージデバイスへのアクセスを2段階に分けることによって、プログラマは個々のデバイスの仕様を考えずに済みます（図5.1）。

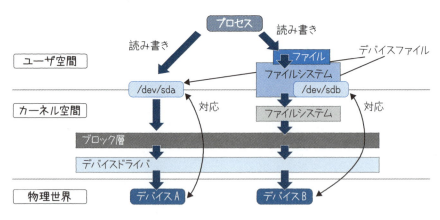

図5.1　ブロック層の役割

個々のストレージデバイスの操作方法は異なりますが、すべて、あるいは多くのストレージデバイスに共通特徴があります。例えば、物理的に連続領域にアクセスするほうがランダムアクセスよりも速いです。Linuxカーネルの中には、この特徴を踏ま

えたうえでストレージデバイスへのI/O性能を上げるためのブロック層というプログラムもあります。

ブロック層により、新たなストレージデバイスをサポートするたびにプログラマが個々のデバイス用I/Oの最適化処理を行う必要がありません。

ここからはブロック層について述べ、その後にストレージデバイス以外のブロックデバイスについて述べます。

5.1 ブロック層

Linuxが登場してから30年以上が経過した現在、世の中にはHDDやSSDのようなさまざまなブロックデバイスが存在します。しかしSSDのようなフラッシュメモリベースのストレージデバイスが普及し始めてからは十数年しか経っていません。このような事情があって、過去のブロック層はHDDの性能特性を前提としたものでした。その後、SSDの普及に合わせてSSDの性能特性を考慮したものに進化してきました。

このような事情を踏まえて、本書ではまずはストレージデバイスがHDDであることを前提としてブロック層の説明を行い、その後にSSD向けの変更点について説明します。

5.1.1 HDD の特徴

HDDは磁気を利用してデータを保存するストレージデバイスです。プラッタと呼ばれる円形の磁気媒体にデータを保存し、データには通常、512バイトの**セクタ**と呼ばれる単位でアクセスします。セクタはプラッタ上の半径方向および円周方向に分割されており、それぞれに通し番号が振られています（図5.2）。

データの読み書きにはディスク上のヘッドという部品を使います。データアクセスの際は、プラッタの所定のセクタ番号にヘッドを合わせる必要があります。これはプラッタの回転および、ヘッドが先端に付いているスイングアームの移動により行います（図5.3）。

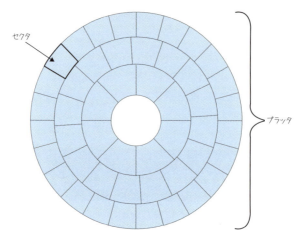

図5.2　HDDのセクタ

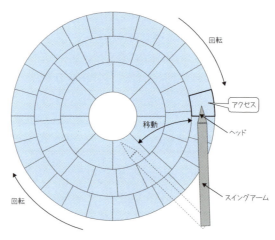

図5.3　HDDへのアクセス

　これらの処理は、CPU上の計算処理やCPUとメモリ間のデータ移動に必要な電子の移動に比べて数桁低速です。このため、ユーザから見えるデバイスのI/O性能を上げるためには、部品の移動をいかに少なくするかが鍵になります。

5.1.2　I/Oスケジューラ

　HDDの性能を上げるための鍵となる特性を2つ紹介します。1つ目は、HDDは連続した領域に存在する複数のデータを一度に読み書きできるということです（図5.4）。

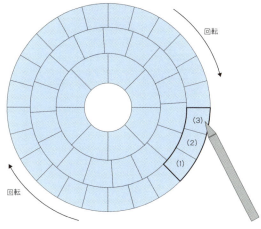

図5.4　HDDの連続領域へのアクセス

　これに加えて、複数の連続しないセクタにアクセスする場合、I/O要求がセクタ番号順に並んでいるほど高速にアクセスできます。セクタ番号順に並んでいない場合(図5.5）と並んでいる場合（図5.6）を比較すると、後者のほうがプラッタの回転が少なくて済むことがわかります。

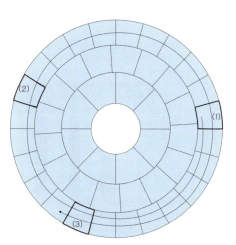

図5.5　HDDの番号順に並んでいない複数セクタへのアクセス

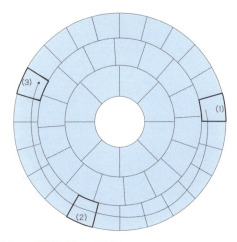

図5.6　HDDの番号順に並んでいる複数セクタへのアクセス

この特性を踏まえたうえで、ブロック層は**I/Oスケジューラ**という仕組みを使ってI/Oを高速化させています。I/Oスケジューラはファイルシステムやブロックデバイスファイルへのアクセスなどから発生したI/O要求を一定期間バッファに溜めてから、次のような最適化処理をしてデバイスドライバに渡します。

- マージ: 複数の連続するセクタへのI/O要求を1つにまとめる（図5.7）
- ソート: 複数の不連続なセクタへのI/O要求をセクタ番号順に並べ替える（図5.8）

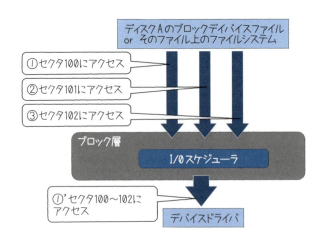

図5.7　I/O要求のマージ

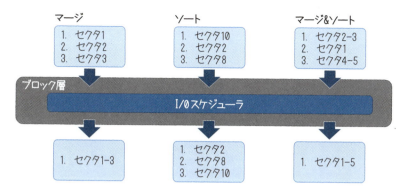

図5.8　I/O要求のソート

ソート後にマージが発生することもあり、その場合はさらにI/O性能の向上が期待できます。

5.1.3　readahead（先読み）

一般にディスク上のデータには、ある領域のデータを読み出したあとに、後続の領域にアクセスする可能性が高いです。例えば大きなファイルの内容をシーケンシャルにすべて読み出すような場合にこのようになります[1]。この特徴を利用して見かけ上のI/O性能を上げるブロック層の機能が**readahead（先読み）**です。readaheadはブロックデバイス内のある領域を読み出したときに、後続領域を先読みしてページキャッシュに保存します（図5.9）。

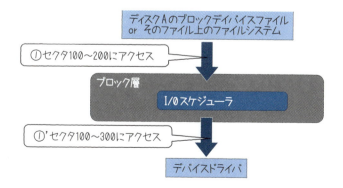

図5.9　readahead

※1：ファイルシステム上のデータも通常ディスク上になるべく連続する領域に配置されるようになっています。

このあとに実際に先読みした領域のデータが必要になると、すでにデータはメモリ上のページキャッシュに存在しているため、ユーザから見たアクセス速度は上がります。

推測が外れた場合は先読みのサイズを減らします。さらに失敗が続くと先読みをしないようになることもあります。

5.2 技術革新に伴うブロック層の変化

ここ10年、20年の間にブロックデバイスを取り巻く状況は劇的に変わりました。主な変化はSSDの登場とCPUのマルチコア化です。

SSDはデータをフラッシュメモリに保存します。フラッシュメモリ上のデータへのアクセスにはHDDのような機械的な動作が一切必要ありません。また、I/Oを並列に処理する能力がHDDよりも高いため、一般にHDDよりも高速にアクセスできます。特にランダムアクセスの場合は顕著な違いが出ます。

SSDには主に2種類あります。1つ目はHDDと同じインタフェースでマシンに接続されるSATA SSDやSAS SSDです。2つ目はまったく異なる高速なインタフェースで接続するNVMe SSDです。本書では後者を前提として解説します。

高いIOPSを出すには、なるべく多くの論理CPUから同時並列にI/O要求を出す必要があります。過去のI/Oスケジューラは複数の論理CPUからリクエストが来ても、1つの論理CPU上で実行していたため、スケーラビリティがありませんでした。しかし、この欠点を克服するために、現在のI/Oスケジューラは複数の論理CPU上で動作させることによってスケーラビリティを向上させています。

ハードウェア性能が上がれば上がるほど、ブロック層においてI/O要求をいったん溜めてI/Oスケジューラによって並び替えるという処理のメリットに対して、いったん溜めることによるレイテンシの悪化というデメリットが上回る場面が増えてきます。Ubuntu 22.04ではNVMe SSDはデフォルトでI/Oスケジューラを無効化しています。

5.3 さまざまな I/O スケジューラ

I/Oスケジューラは1つだけではなくさまざまな種類があります。I/Oスケジューラは物理的なデバイスに対して1つ設定できます（つまりパーティション単位では設定

できません)。設定には/sys/block/<ブロックデバイス名>/queue/schedulerとい
うファイルを使います。このファイルへの書き込みをするとI/Oスケジューラを設定
できます。

このファイルを読み出すとI/Oスケジューラの一覧および、その中で現在何を選択
しているかがわかるようになっています。以下、筆者の環境で、NVMe SSDデバイス
であるsda[※2]に対してこのファイルを読み書きした例を示します。ここでnoneとはI/O
スケジューラを無効化しているという意味です。

```
# cat /sys/block/sda/queue/scheduler
[none] mq-deadline
# echo mq-deadline >/sys/block/sda/queue/scheduler
# cat /sys/block/sda/queue/scheduler
[mq-deadline] none
```

mq-deadlineは、I/O要求をキューの中に溜めておく最長時間を設けることによっ
て、レイテンシが極端に悪化しないように考慮しています。mq-deadlineはHDDや
SATA SSD、SAS SSDではデフォルトとして使われています。

他にもいくつかのI/Oスケジューラが存在します。Ubuntu 22.04ではbfq、kyberが
使えます。これら2つはカーネルモジュールを読み出せば使えるようになります。

```
# modprobe bfq kyber-iosched
# cat /sys/block/sda/queue/scheduler
[mq-deadline] bfq kyber none
```

kyberはmq-deadlineと同様にI/O要求をキューの中に溜めておく最長時間を設けて
いますが、作りが簡素で最小限の最適化のみをします。bfqは他のI/Oスケジューラの
ようにI/O要求をキューの中に溜めておく最長時間を決めることができるとともに、
実行中のプロセスにI/O帯域を平等に割り振ることができます。特定のプロセスに重
みを付けて、あるプロセスには他のプロセスよりも多くの帯域を割り当てるといった
こともできます。

どのI/Oスケジューラを使うのがよいのかはワークロードやハードウェアリソース
によって違うので、どれが一番いいとはなかなか言えません。基本的にはデフォルト
のものを使えばよいでしょう。ハードウェアの変更なしにI/O性能を上げられる余地
を見つけたい場合は、手元のワークロードをI/Oスケジューラを変えながら流してみ
て、一番求める性能を出せるものを選ぶとよいでしょう。

※2：本来NVMe SSDはnvme0n1…というような名前になりますが、実験環境は仮想マシンなので、このような名前
になっています

5.4 ストレージデバイス名

マシンに同じタイプのデバイスを複数搭載している場合は、デバイスファイル名の扱いに注意する必要があります。ここではストレージデバイスの名前に絞って話をします。

SATAやSASによって接続されているデバイスが複数ある場合、カーネルは/dev/sda、/dev/sdb、/dev/sdc……、NVMe SSDならば/dev/nvme0n1、/dev/nvme1n1、/dev/nvme2n1……というように、一定の規則に従ってそれぞれ別の名前のデバイスファイル（より正確にいうとメジャー番号とマイナー番号の組）に対応付けます。ただし、この対応付けは起動するたびに変わりうることには注意しましょう。

例えば、あるマシンにSATA接続の2つのストレージデバイスA、Bを接続している場合を考えます。このとき2つのうちどちらが/dev/sdaになって、どちらが/dev/sdbになるかはデバイスの認識順によって決まります。あるときのカーネルによるストレージデバイスの認識順がAが先、Bがあとだったとすると、それぞれ/dev/sda、/dev/sdbという名前が付きます（図5.10）。

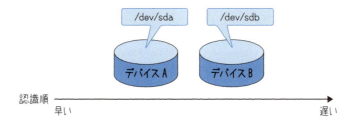

図5.10　ストレージデバイスA→Bの順番に認識

このあと、再起動後に何らかの理由によってストレージデバイスの認識順が変わった場合は、両者のデバイス名が入れ替わります[※3]。認識順が変わる理由には、例えば次のようなものがあります（図5.11）。

- 別のストレージデバイスの増設：例えばストレージデバイスCを足すと認識順がA->C->Bになって、Bの名前が/dev/sdbから/dev/sdcに変わる
- ストレージデバイスの場所を入れ替える：例えばAとBを挿す場所を入れ替えると、Aが/dev/sdbに、Bが/dev/sdaになる
- ストレージデバイスが壊れて認識されなくなる：例えばAが壊れてBが/dev/sdaと

※3：USB接続のようなシステムの動作中に追加できるストレージデバイス場合は起動中に問題が発生するかもしれません。

して認識される

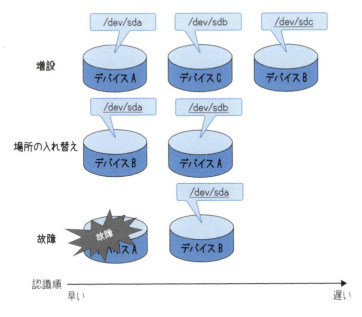

図5.11　さまざまな理由によるデバイス名の変化

　このように名前が変わると、もし運がよければブートしないくらいの被害で済みますが、運が悪いとデータが破壊されます。例えば上記の別のデバイスを増設した場合に、ディスクCにファイルシステムを作るつもりで`mkfs.ext4 /dev/sdc`を実行すると、既存のディスクB上にファイルシステムを作ろうとしてデータを破壊する恐れがあります[※4]。

　このような問題は、systemdのudevというプログラムが作るpersistent device nameという名前を利用することによって避けられます。udevはシステムの起動時などにデバイスを認識するたびに、マシンに搭載されているデバイスの構成が変化しても変わらない、あるいは変わりにくいデバイス名を`/dev/disk`以下に自動的に作ります。

　persistent device nameの例としては、`/dev/disk/by-path`以下に存在する、ディスクが搭載されているバス上の位置などをもとに付けたデバイスファイルがあります。筆者の環境の`/dev/sda`は以下に示すような別名を持っています。

※4：mkfsは賢いので、ディスクBにファイルシステムが入っていると「既存ファイルシステムがあるから消せない」というメッセージを出してエラー終了するのですが、慣れている人は`mkfs.ext4 -F /dev/sdc`（-Fオプションを付けると既存ファイルシステムがあっても無視する）と実行して消しがちです。

```
$ ls -l /dev/sda
brw-rw---- 1 root disk 8, 0 Dec 24 18:34 /dev/sda
$ ls -l /dev/disk/by-path/acpi-VMBUS\:00-scsi-0\:0\:0\:0
lrwxrwxrwx 1 root root 9 Jan  4 11:05 /dev/disk/by-path/ ⏎
acpi-VMBUS:00-scsi-0:0:0:0 -> ../../sda
```

※誌面の都合上、⏎で改行しています。

その他にもファイルシステムにラベルやUUIDを付けていれば、udevは対応するデバイスについて/dev/by-label、/dev/by-uuid以下にファイルを作ります。

より詳しく知りたい方は以下のURLを参照してください。

・https://wiki.archlinux.org/title/persistent_block_device_naming

単にマウントするファイルシステムを間違えたくないという話であれば、mountコマンドにおけるラベルやUUIDの指定によって問題発生を防げます。例えば筆者の環境ではシステム起動時にマウントするファイルシステムを設定する/etc/fstabファイルには/dev/sdaのようなカーネルが付けた名前ではなくUUIDによってデバイスを指定するようになっています。

```
$ cat /etc/fstab
UUID=077f5c8f-a2f3-4b7f-be96-b7f2d31d07fe / ext4 defaults 0 0
UUID=C922-4DDC /boot/efi vfat defaults 0 0
```

このため、UUID=077f5c8f-a2f3-4b7f-be96-b7f2d31d07feに対応するデバイスをカーネルが/dev/sdaと名付けようと/dev/sdbと名付けようと、問題なくマウントできます。

5.5 ‖ さまざまなブロックデバイス

Linuxには非常に多くのブロックデバイスがあります。代表的なものはこれまでに述べたHDDやSSDなどの物理的なストレージデバイスに対応しているものです。これらはHDDであればsdaやsdb、NVMe SSDであればnvme0n1、nvme1n0、といった名前になります。

本節ではそれ以外のデバイスのうち、いくつかをピックアップして扱います。

5.5.1 準仮想化デバイス

第10章で紹介する仮想化環境においては、仮想マシンのブロックデバイスからI/Oを発行するたびに、仮想マシンの作成元であるホストOSでデバイスのエミュレーション処理をする必要があるため、物理マシンに比べて、仮想マシンは性能が劣化する傾向にあります。

この問題を解決してI/Oを高速化するために、仮想マシンとホストOSをvirtioと呼ばれる特殊な仕組みでつないだデバイスが作られました。ホストOSで仮想マシンのI/Oを完全にエミュレートするのではなく、仮想マシン用の特別なデバイスドライバを使うため、このようなデバイスは**準仮想化デバイス**と呼ばれます（図5.12）。

準仮想化されたブロックデバイスは通常のディスクとは異なりvda、vdbといった名前が付きます。

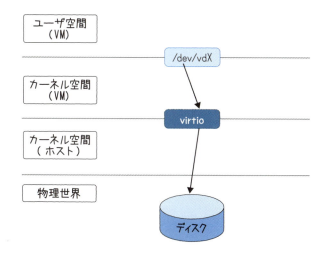

図5.12 準仮想化デバイス

準仮想化デバイスの詳細については第10章を参照してください。

5.5.2 ループデバイス

ループデバイスはファイルをブロックデバイスファイルのように扱える機能です（図5.13）。ループデバイスはブロックデバイスに対する処理をテストしたり、ファイ

ルシステムの機能を試したりするような用途に適しています。

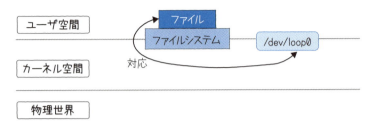

図5.13 ループデバイス

例えばloopdevice.imgという1GiBのファイルを作って、このファイルをブロックデバイスとして使いたい場合は以下のようにします。

```
$ fallocate -l 1G loopdevice.img

$ sudo losetup -f loopdevice.img

$ losetup -l
NAME        SIZELIMIT OFFSET AUTOCLEAR RO BACK-FILE ⏎
DIO LOG-SEC
/dev/loop0          0      0         0  0 /home/sat/src/st-book-kernel-in-practice/ ⏎
06-device-access/loopdevice.img    0    512
```

※誌面の都合上、⏎で改行しています。

上記の操作によって/dev/loop0というループデバイスとloopdevice.imgファイルが結び付けられました。このあと、/dev/loop0は通常のブロックデバイスと同じように扱えます。以下のようにファイルシステムを作ってマウントすることもできます。

```
$ sudo mkfs.ext4 /dev/loop0
～省略～

$ mkdir mnt

$ sudo mount /dev/loop0 mnt

$ mount
～省略～
/dev/loop0 on /home/sat/src/st-book-kernel-in-practice/06-device-access/ ⏎
mnt type ext4 (rw,relatime)
```

※誌面の都合上、⏎で改行しています。

このあとmnt以下でファイル操作すると、loopdevice.imgの中にあるファイルシ

ステムのデータが書き換わります。

実験のあとはファイルを消しておきましょう。

```
$ sudo umount mnt

$ rm loopdevice.img
```

ループデバイスはシステムを再起動するとなくなります。

なお、`mount`コマンドはファイルに対して実行した際に当該ファイルの中にファイルシステムがあれば内部でループデバイスを作ってくれるため、`losetup`コマンドは以下のように省略できます。

```
$ fallocate -l 1G loopdevice.img

$ mkfs.ext4 loopdevice.img

$ sudo mount loopdevice.img mnt

$ mount
〜省略〜
/home/sat/src/st-book-kernel-in-practice/06-device-access/loopdevice.img on /  ⏎
home/sat/src/st-book-kernel-in-practice/06-device-access/mnt type ext4 ⏎
(rw,relatime)
```

※誌面の都合上、⏎で改行しています。

5.5.3 brd

brdはメモリ上に作成するブロックデバイスです。デバイス名はbrd<n>のようになります。ループデバイスと同様、ブロックデバイス用の機能やファイルシステムのテストなどに使えます（図5.14）。

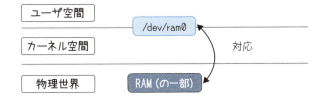

図5.14　brd

すべてのデータはメモリ上に存在するのでループデバイスのように事前にファイルを作る必要がない一方で、サイズの設定が少々手間である、再起動するとすべてのデ

ータが消える（ファイルに永続化されない）という短所もあります。これらの特徴を踏まえたうえでループデバイスとbrdのうち、好きなほうを使うとよいでしょう。

Ubuntu 22.04においてbrdを使う方法を説明します。まずはbrdカーネルモジュールをロードします。

```
$ sudo modprobe brd
```

こうすると/dev/ram*というブロックデバイスが作られます。

```
$ ls /dev/ram*
/dev/ram0  /dev/ram1  /dev/ram10  /dev/ram11  /dev/ram12  /dev/ram13  /dev/ ⏎
ram14  /dev/ram15  /dev/ram2  /dev/ram3  /dev/ram4  /dev/ram5  /dev/ram6  / ⏎
dev/ram7  /dev/ram8  /dev/ram9
```

※誌面の都合上、⏎で改行しています。

/dev/ram*はすべて、通常のブロックデバイスと同様に使えます。

brdが作成するデバイスの数およびサイズは、カーネルビルド時の設定によって異なります。これらの数はrd_nr、rd_rd_size（KiB単位）というモジュールパラメータによって変更可能です。以下の例ではデバイスの数を4個、デバイスのサイズを1GBにしています。

```
$ sudo modprobe brd rd_nr=4 rd_size=$((1024*1024))
$ ls /dev/ram*
/dev/ram0  /dev/ram1  /dev/ram2  /dev/ram3          # デバイス数は4
$ LANG=C sudo parted /dev/ram0 p
Error: /dev/ram0: unrecognised disk label
Model: Unknown (unknown)
Disk /dev/ram0: 1074MB                              # サイズは1GB
Sector size (logical/physical): 512B/4096B
Partition Table: unknown
Disk Flags:
```

brdのrd_sizeはシステムに搭載したメモリよりも大きくできます。なぜならbrdは初期化時にデバイスに必要なメモリをすべて確保するのではなく、使った領域に対応する部分だけメモリを確保するからです。

brdが作ったデバイスが不要になったら次のコマンドによってモジュールを削除します。このときbrdが使用していたメモリを解放します。

```
$ sudo modprobe -r brd
```

5.5.4 zram

zramとはメモリ上に作成する圧縮可能なブロックデバイスです。上述したbrdと似ていますが、brdはデータがそのままメモリに格納されているのに対し、zramではデータが圧縮されたうえでメモリに格納されているという点が異なります（図5.15）。

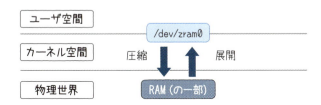

図5.15　zram

zramの主な用途は/tmpとスワップ領域です。

一般的に/tmpはtmpfsでマウントされているので、データが書き込まれるたびにメモリを使用します。ここでtmpfsの代わりにzram上にファイルシステムを作ったものをマウントすると、/tmp上のデータは圧縮されたうえでメモリに保存されるため、メモリ使用量の削減になります。

スワップ領域としての使い方をする主なユースケースは、ディスク容量が少ない組み込み機器です。組み込み機器においてはスワップ領域に使うだけの空き領域がストレージデバイス上にない、あるいは、仮に容量面では問題なくてもストレージデバイスの書き込み回数制約が大きいeMMC、SDカードであるため、zramが役立つのです。

ここからはUbuntu 22.04においてzramを使う方法を説明します。まずはzramカーネルモジュールをロードします。こうすると/dev/zram0というブロックデバイスが作られます。

```
# modprobe zram

# ls -l /dev/zram0
brw-rw---- 1 root disk 252, 0 Aug 12 12:56 /dev/zram0
```

この状態では/dev/zram0のサイズが0で何もできません。ここから/sys/block/zram0ディレクトリ以下のファイルを操作して、自分の好みの設定に変更していきます。以下では/dev/zram0を、zstdを使って圧縮してサイズが1GiBであるzramデバイスにします。

```
# echo 1G > /sys/block/zram0/disksize

# echo zstd > /sys/block/zram0/comp_algorithm
```

作成されたzramデバイスは通常のブロックデバイスと同じように使えます。tmpfs
として使う場合は次のようにします。

```
# mkfs.ext4 /dev/zram0

# mount /dev/zram0 /tmp
```

データはメモリ上にしか存在せず、システムが終了したら失われるものなので、ジ
ャーナルは必要ありません。したがって、tune2fs -O ^has_journal /dev/zram1
やmkfs.ext2でジャーナルを無効にしたほうがよいかもしれません。

zramデバイスが不要になったらmodprobe -r zramを実行すれば削除できます。

zramカーネルモジュールをロードするときにnum_devicesパラメータを付与する
と、zramデバイスを複数作ることもできます。以下は2つのzramデバイスを作った
例です。

```
# modprobe zram num_devices=2

root@tea:/home/sat/src/shoei_linux_kernel# ls -l /dev/zram*
brw-rw---- 1 root disk 252, 0 Aug 12 13:34 /dev/zram0
brw-rw---- 1 root disk 252, 1 Aug 12 13:34 /dev/zram1
```

本節ではzramの操作にsysfsを使いましたが、zramをスワップファイルとして使
う場合はzram-toolsやzram-config、systemd-zram-generatorなどのツールを活
用するとよいでしょう。zramについての詳細は以下のURLを参照してください。

・https://wiki.archlinux.jp/index.php/Zram

5.5.5 bcache

ディスクデバイスは種類によって速度が違います。本章ですでに述べたHDDと
NVMe SSDがよい例です。ではすべてのディスクをNVMe SSDにすればよいかという
と、容量あたりの価格でいえばNVMe SSDのほうがHDDよりもまだまだ高価なので、
そうもいきません。

そこで、両者のいいとこどりをするような仮想的なブロックデバイス、**bcache**が
生まれました。bcacheは次のような考え方に基づいて、小容量で高速なデバイスと

大容量で低速なデバイスを組み合わせて大容量で高速のように見えるブロックデバイスを作ります。

bcacheにおいて小容量で高速なデバイス（典型的にはNVMe SSD）はキャッシュデバイス、大容量で低速なデバイス（典型的にはHDD）はバッキングデバイスと呼びます。データはバッキングデバイスに永続化して、キャッシュデバイスにはバッキングデバイス上のデータをキャッシュします。概念的にはデータの読み書きはバッキングデバイスとメモリの間にキャッシュデバイスを挟む形になります。bcacheデバイスは/dev/bcache<n>という名前になります（図5.16）。

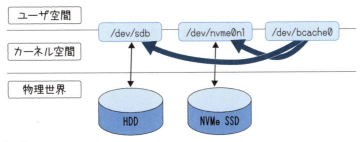

図5.16　bcache

図5.16において、例えばキャッシュデバイスに何もデータが存在していない場合を考えましょう。このとき、bcache0からデータを読み出すと、バッキングデバイスから必要なデータを読み出して、このデータをメモリ、およびキャッシュディスクに書き込みます。

そのあとで同じデータを読み出すと、低速なバッキングデバイスにアクセスすることなく、すでにキャッシュデバイスに存在するデータを読み出せば済むため、I/O性能を上げられます。データを大量に読み込んでキャッシュデバイスの容量を超えてしまった場合は、キャッシュデバイス内の一部データが捨てられます。捨てたといってもこのデータはバッキングデバイス上に存在するので、その後必要になればまた読み出せばいいのです。

データの書き込みは次のような複数のキャッシュモードがあります。どれも一長一短あるので、要件に応じて使い分けるとよいでしょう。

- ライトバックモード: 書き込み時にキャッシュデバイスにデータを書き込むだけで終わるので、書き込み処理を高速化できる。その一方でシステム稼働中にキャッシュデバイスが壊れるとデータを失うという問題がある

- ライトスルーモード: 書き込み時にキャッシュデバイスにデータを書き込むとともにバッキングデバイスにもデータを書き込む。書き込み処理の高速化はできないが、書き込んだデータの読み出し処理は高速化できる
- ライトアラウンドモード: 書き込み時にバッキングデバイスにのみデータを書き込む。書き込みの負荷がライトスルーモードよりも低く、かつ、書き込みによってキャッシュデバイスの容量を消費しないという長所がある。その一方で、書き込みをしたデータを次に読み出すときには必ずバッキングデバイスから読み出す必要がある

以下に使い方を示します。ここでは/dev/sdbをバッキングデバイス、/dev/sdcをキャッシュデバイスとして使用しています。bcacheデバイス作成は次のような手順を踏みます。

1. bcacheデバイスの作成
2. キャッシュデバイスの初期化
3. bcacheデバイスへのキャッシュデバイスの登録

```
# bcache-tools を(インストールされていなければ)インストールする

$ sudo apt install bcache-tools

# make-bcache -B /dev/sdb
～省略～
sdb          8:16    0      6G  0 disk
└─bcache0 251:0      0      6G  0 disk
～省略～
```

ここまででbcacheデバイス、/dev/bcache0ができていることがわかります。続いてキャッシュデバイスを初期化します。

```
# make-bcache -C /dev/sdc
～省略～
Set UUID:              4f0b8ab9-c264-474f-bca4-c45dd45eb453
～省略～
```

上記の出力のうち、「Set UUID」を使って以下のようにキャッシュデバイスをbcache0に登録すれば作成完了です。

```
# echo 4f0b8ab9-c264-474f-bca4-c45dd45eb453 >/sys/block/bcache0/bcache/attach
```

このUUIDを忘れてしまった場合は、あとからbcache-super-showコマンドによっ

て確認できます。

```
# bcache-super-show /dev/sdc
〜省略〜
cset.uuid                 4f0b8ab9-c264-474f-bca4-c45dd45eb453 # これが Set UUID
〜省略〜
```

このあとはbcache0を通常のブロックデバイスと同様に使えます。

キャッシュモードは/sys/block/<デバイス名>/bcache/cache_modeで確認/変更できます。例えばキャッシュモードをデフォルトのライトスルーからライトバックに変更するには以下のようにします。

```
# cat /sys/block/bcache0/bcache/cache_mode
[writethrough] writeback writearound none

# echo writeback >/sys/block/bcache0/bcache/cache_mode

# cat /sys/block/bcache0/bcache/cache_mode
writethrough [writeback] writearound none
```

bcacheデバイスが不要になった場合は、以下のような手順で削除できます。

```
# echo 1 >/sys/block/bcache0/bcache/stop # bcacheデバイスを削除

# echo 1 > /sys/block/sdc/bcache/set/stop # キャッシュデバイスをbcacheサブシステムから削除

# wipefs -a /dev/sdb /dev/sdc # バッキングデバイスとキャッシュデバイスからbcacheの情報を削除
```

システムのワークロードによってはbcacheによる性能向上があまり期待できない、最悪の場合は使わない場合より性能が落ちることもあります。極端な話、システムがすべてのデータにランダムにアクセスし続けているような場合は、あるデータを読み出してキャッシュデバイスに入れたとしても、次にそのデータにアクセスするときにはキャッシュデバイスからすでに追い出されているため、データをキャッシュする意味がないからです。

したがってbcacheの導入を検討している場合は、自分の環境で一度試してみるなりして十分効果がありそうとわかってから本番環境に導入する必要があります。

bcacheについての詳細は以下のドキュメントを参照してください。

・https://docs.kernel.org/admin-guide/bcache.html
・https://wiki.archlinux.jp/index.php/Bcache

5.5.6 Linux Software RAID

Linuxは、**Linux Software RAID**[5]と呼ばれるソフトウェアRAID機能をサポートしています。

Linux Software RAIDは、複数のブロックデバイスを束ねたうえでいろいろな機能を持つ仮想的なブロックデバイスを作るMultiple Devices（md）という機能を使います。デバイス名は通常/dev/mdXになります[6]。

Linux Software RAIDはmdadmコマンドを使って制御します。以下、Linux Software RAIDの簡単な使い方について、/dev/sdbと/dev/sdcを使ってRAID 1デバイスを作る場合を例に紹介します。

```
# mdadm /dev/md0 --create --level=1 --raid-devices=2 /dev/sdb /dev/sdc
mdadm: Note: this array has metadata at the start and
    may not be suitable as a boot device.  If you plan to
    store '/boot' on this device please ensure that
    your boot-loader understands md/v1.x metadata, or use
    --metadata=0.90
Continue creating array? y
mdadm: Defaulting to version 1.2 metadata
mdadm: array /dev/md0 started.
```

このあとは/dev/md0を通常のブロックデバイスと同じように使えます（図5.17）。/dev/md0のデータは冗長化されているので、/dev/sdb、/dev/sdcのいずれかが壊れても、もう一方のデータが残っているので運用継続できます（図5.18）。

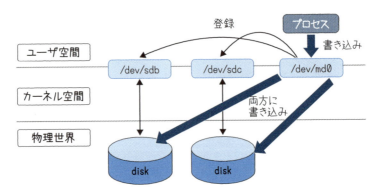

図5.17　Linux Software RAIDを使ったRAID 1デバイス

※5：mdraidと呼ばれることもあります。
※6：mdはRAID以外の目的にも使えるのですが、本書では扱いません。

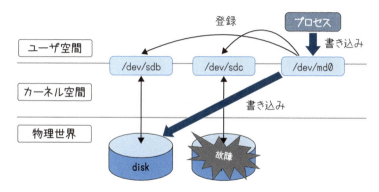

図5.18　sdcが壊れた場合

このデバイスの状態は以下のように確認できます。

```
# mdadm --detail /dev/md0
/dev/md0:
         Version : 1.2
   Creation Time : Sat Aug 12 11:30:55 2023
      Raid Level : raid1
～省略～
    Number   Major   Minor   RaidDevice State
       0       8       16        0      active sync   /dev/sdb
       1       8       32        1      active sync   /dev/sdc
```

ここで仮に/dev/sdcが壊れたとします。その場合、まずはsdcが壊れたというマークを付け、その後にRAIDアレイからこのデバイスを削除します。

```
# mdadm --fail /dev/md0 /dev/sdc
mdadm: set /dev/sdc faulty in /dev/md0
```

状態を見てみましょう。

```
# mdadm --detail /dev/md0
～省略～
    Number   Major   Minor   RaidDevice State
       0       8       16        0      active sync   /dev/sdb
       -       0        0        1      removed

       1       8       32        -      faulty   /dev/sdc
```

/dev/sdcがfaultyという状態になったことがわかります。このあと以下のようにRAIDアレイからsdcを削除できます。

```
# mdadm --remove /dev/md0 /dev/sdc
mdadm: hot removed /dev/sdc from /dev/md0

# mdadm --detail /dev/md0
～省略～
            State : clean, degraded
～省略～
    Number   Major   Minor   RaidDevice State
       0       8       16        0      active sync   /dev/sdb
       -       0        0        1      removed
```

このあと正常なディスク（ここでは/dev/sdcに対応するデバイスが故障したものから正常なものに置き換わったと考えてください）をRAIDアレイに組み込むには次のようにします。

```
# mdadm --add /dev/md0 /dev/sdc
mdadm: added /dev/sdc
```

組み込んでからしばらくの間は冗長度を回復するため、/dev/sdbから/dev/sdcにデータをコピーするリビルド処理が走ります（図5.19）。

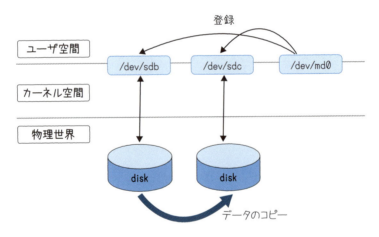

図5.19　RAID1のリビルド処理

```
# mdadm --detail /dev/md0
～省略～
            State : clean, degraded, recovering
～省略～
   Rebuild Status : 41% complete
～省略～
   Number   Major   Minor   RaidDevice State
      0        8      16          0    active sync    /dev/sdb
      2        8      32          1    spare rebuilding   /dev/sdc
```

リビルドが終わった状態で mdadm --detail /dev/md0 を実行すると、State フィールドから recovering が消えます。

RAIDアレイを削除するには次のコマンドを実行します。

```
# mdadm --stop /dev/md0
mdadm: stopped /dev/md0

# wipefs -a /dev/sdb /dev/sdc
```

本節で述べた手順は非常に簡素なもので、例えばシステムを再起動すると /dev/md0 が存在しなくなってしまいます。実用的な Linux Software RAID についての詳細は以下のURLを参照してください。

・https://wiki.archlinux.jp/index.php/RAID

第 6 章

デバイスマッパ

本章では**デバイスマッパ**（Device mapper）というカーネルの機能について説明します。この機能は一言では説明が難しいのですが、既存のブロックデバイスの上に暗号化などの機能を追加したブロックデバイスを作ったり、複数のブロックデバイスを束ねて1つのブロックデバイスを作ったりできます。後者についてはMultiple Devicesに似ていますが、デバイスマッパはMultiple Deviceよりも多くのことを行えます。

デバイスマッパの機能によって作るブロックデバイスのことをターゲットと呼びます。ターゲットの管理は基本的には`dmsetup`コマンドで行います。ターゲットにはさまざまな種類があり、一部のターゲットについては専用のコマンドで管理します。

ターゲットの実体は`/dev/md-0`や`/dev/dm-1`という名前のブロックデバイスファイルです。ただし、このような無味乾燥な名前を直接使うのは不便なので、`dmsetup`を使ってターゲットを作るときにはターゲット名を付けることができます。作成後は`/dev/mapper/<ターゲット名>`というシンボリックリンクを使って`/dev/dm-*`にアクセスできます。

ここまでの説明は非常に抽象的だったので、今一つピンと来ないのではないでしょうか。デバイスマッパについて理解するのは具体例を見るのが一番です。次節以降では実際にさまざまな種類のターゲットを紹介して、実際に作っていきます。

6.1 || linear ターゲットによる デバイスのリニアマップ

linearターゲットは、ブロックデバイスの所定の領域をターゲットにマップする機能です（図6.1）。例えばサイズが100GiBの2つのデバイス`/dev/sda`と`/dev/sdb`があったときに、次のようなlinearターゲットを作れます。

- 名前は`/dev/mapper/test-liner`
- オフセット0以上100GiB未満の領域：`/dev/sda`をマップ
- オフセット100GiB以上200GiB未満の領域：`/dev/sdb`をマップ

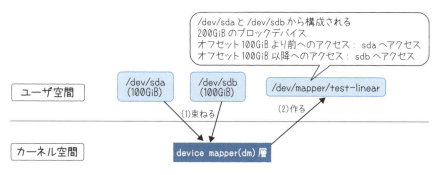

図6.1 linearターゲット

このターゲットのオフセット0にアクセスするとdevice mapper（dm）層が/dev/sdaのオフセット0へのアクセスに変換します。同様に、このターゲットのオフセット100GiBにアクセスすると、/dev/sdbのオフセット0へのアクセスに変換します。つまり、/dev/mapper/test-linearは/dev/sdaと/dev/sdbを並べて1つの論理的なブロックデバイスに見せること（JBOD構成）が実現できるというわけです。

6.1.1 作成方法

では実際にlinearターゲットを作ってみましょう。ここではサイズ1GiBの2つのloopデバイス、/dev/loop0と/dev/loop1を2つ並べた、サイズ2GiBのlinearターゲットを作ります（図6.2）。

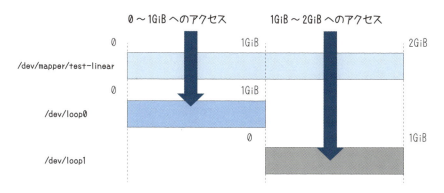

図6.2 test-linearターゲット

ターゲットを作るためには、どこに何をマップするかを決めるテーブルを定義する必要があります。ここでは「0〜1GiBに/dev/loop0をマップして、1GiB〜2GiBに/dev/loop1にマップする」ということを示すテーブルを書きます。このテーブルの名前をlinear-test.txtとします。

```
0 2097152 linear /dev/loop0 0
2097152 2097152 linear /dev/loop1 0
```

各行はターゲット内の個々の領域を指しています。各フィールドの意味は以下のとおりです。

- 第1フィールド：領域の始点となるオフセット
- 第2フィールド：領域の長さ
- 第3フィールド：ターゲットの種類
- 第4フィールド：マップ対象となるデバイスの名前
- 第5フィールド：マップ対象となるデバイス内のマップ開始点のオフセット

オフセットと長さの単位はバイトではなく、512バイト（LinuxカーネルにおけるI/Oの最小単位）なので注意が必要です。例えば先ほどの2097152であれば2,097,152 ×512＝1,073,741,824バイト、つまり1GiBに相当するというわけです。

第2フィールドまでは、どんな種類のターゲットであっても常に同じ意味（ターゲット内の領域の始点と長さ）を持ちます。

このルールに従ってtest-linear.txtの内容を読むと、次のような意味だとわかります。

- ターゲットの0バイト目から1GiB（2,097,152セクタ）の長さを持つ領域は/dev/loop0の0バイト目以降をマップする
- ターゲットの1GiB目から1GiBの長さを持つ領域は/dev/loop1の0バイト目以降をマップする

では実際にこのターゲットを/dev/mapper/test-lnearという名前で作ってみましょう。

```
$ sudo dmsetup create test-linear test-linear.txt
```

dmsetupによって作ったターゲットは/dev/mapper以下に作られます。

```
$ ls -l /dev/mapper/test-linear
lrwxrwxrwx 1 root root 7 Oct 15 03:48 /dev/mapper/test-linear -> ../dm-1
```

たしかに/dev/mapper/test-linearというファイルができていることがわかります。このファイルは/dev/dm-1という名前のファイルのシンボリックリンクになっています。/dev/dm-1はカーネルが自動的に作るファイル名です。

ターゲットの情報はdmsetup infoコマンドによって取得できます。

```
$ sudo dmsetup info /dev/mapper/test-linear
Name:              test-linear
State:             ACTIVE
Read Ahead:        256
Tables present:    LIVE
Open count:        0
Event number:      0
Major, minor:      253, 1
Number of targets: 2
```

test-linear.txtによって指定したマップ情報はdmsetup tableコマンドによって得られます。

```
$ sudo dmsetup table /dev/mapper/test-linear
0 2097152 linear 7:0 0
2097152 2097152 linear 7:1 0
```

「7:0」「7:1」という文字列は、それぞれ/dev/loop0と/dev/loop0を識別するためのIDとなるデバイス番号です。「:」の前の数値をメジャー番号、後ろの数値をマイナー番号と呼びます。メジャー番号とマイナー番号はブロックデバイスファイルに対してls -lを実行した際の第5、第6フィールドとして確認できます。

```
$ ls -l /dev/loop0 /dev/loop1
brw-rw---- 1 root disk 7, 0 Oct 14 08:55 /dev/loop0
brw-rw---- 1 root disk 7, 1 Oct 14 08:54 /dev/loop1
```

6.1.2 確認

/dev/mapper/test-linearが実際に/dev/loop0と/dev/loop1に対応付けられて
いるかを以下のような実験で確認してみましょう。

1. /dev/mapper/test-linearのオフセット0バイト地点、つまり/dev/loop0の
   先頭に対応している領域に「foo」という文字列を書き込む
2. /dev/mapper/test-linearのオフセット1GiB地点、つまり/dev/loop1の先頭
   に対応している領域に「bar」という文字列を書き込む
3. /dev/loop0と/dev/loop1の先頭領域を読み出して、それぞれ「foo」と「bar」
   が読み取れることを確認する

では実験を行ってみます。

```
$ echo -n foo >foo.txt # "foo"という文字列が入ったfoo.txtというファイルを作る

$ echo -n bar >bar.txt # "bar"という文字列が入ったbar.txtというファイルを作る

$ sudo dd if=foo.txt of=/dev/mapper/test-linear oflag=direct,dsync ⏎
# test-lienarの先頭に"foo"を書き込む
～省略～

$ sudo dd if=bar.txt of=/dev/mapper/test-linear bs=1GiB seek=1 ⏎
oflag=direct,dsync  # 同オフセット1GiB地点に"bar"を書き込む
～省略～

$ sudo hexdump -n 3 -c /dev/loop0 # /dev/Loop0の先頭3バイトを読み出す
0000000   f   o   o
0000003

$ sudo hexdump -n 3 -c /dev/loop1 # /dev/Loop1の先頭3バイトを読み出す
0000000   b   a   r
0000003
```

※誌面の都合上、⏎で改行しています。

それぞれ想定どおりの結果が得られたことがわかりました。

6.1.3 後処理

実験が終わったのでtest-linearターゲットなどを削除しておきましょう。デバイスマッパのターゲットはdmsetup removeコマンドによって削除します。

```
$ sudo dmsetup remove /dev/mapper/test-linear # ターゲットの削除

$ ls -l  /dev/mapper/test-linear # ターゲットが消えていることの確認
ls: cannot access '/dev/mapper/test-linear': No such file or directory
```

6.2 linear ターゲットの活用事例

linearターゲットをdmsetupコマンドにより手動で作るのは面倒なため、ユーザが直接dmsetupコマンドを叩くのではなくプログラムの中からdmsetupコマンドを実行したり、dmsetupの中で使っている関数を呼び出したりしていることが多いです。

linearターゲットを使用している代表的なプログラムの1つに**kpartx**があります。kpartxは指定したファイルの中からパーティションテーブルを検出し、それぞれのパーティションに対応するlinearターゲットを作成してくれます。ディスクイメージの中にパーティションを作成する場合に重宝します。

では実際にディスクイメージの中にパーティションを作って、そのパーティション上にext4ファイルシステムを作ってみましょう。まずはディスクイメージを作成します。

```
$ sudo dd if=/dev/zero of=test.img bs=1 count=0 seek=1GiB # ディスクイメージtest.imgを作成
```

続いてパーティションを作ります。

125

```
$ sudo parted test.img mklabel gpt # パーティションテーブル（GPT形式）を作成

$ sudo parted test.img mkpart # パーティションの作成
Partition name? []?
File system type? [ext2]?
Start? 0
End? 1G
Warning: The resulting partition is not properly aligned for best performance:
34s % 2048s != 0s
Ignore/Cancel? Ignore

$ sudo parted test.img p # test.imgの中にパーティションができていることを確認
〜省略〜

Number  Start   End     Size    File system  Name  Flags
 1      17.4kB  1074MB  1074MB
```

test.imgの中にサイズが約1GiBのパーティションが作成できました[※1]。

さて、ここで問題があります。パーティションを作ったはいいものの、その上にファイルシステムをどうやって作ればよいのでしょう。1つの方法としては`mkfs.ext`にファイルシステムを作るべきデバイスファイル内のオフセットとファイルシステムのサイズを伝えることです。ただしこの方法は面倒ですし、やりかたを間違えるとディスクイメージを破壊するので、できればやりたくありません。

ここで登場するのがkpartxです。このコマンドを使用するとパーティションに対応するlinearターゲットを作ってくれます。kpartxは次のような動作をします。

1. 引数として与えられたディスクイメージに対応するloopデバイスを作成する
2. 1.で作ったloopデバイスのパーティションテーブルを解析して、ディスクイメージ内のパーティションの有無をチェックする
3. パーティションが見つかれば、それぞれのパーティションに対応するlinearターゲットを作る

ではkpartxを実行してみましょう。

```
$ sudo kpartx -av test.img
add map loop0p1 (253:1): 0 2097085 linear 7:0 34

$ ls -l /dev/mapper/loop0p1
lrwxrwxrwx 1 root root 7 Oct 15 04:48 /dev/mapper/loop0p1 -> ../dm-1
```

これでtest.imgの中のパーティションに対応するlinearターゲット/dev/mapper/loop0p1が作成されました（図6.3）。出力のうち「`0 2097085 linear 7:0 34`」の

※1：ディスク先頭にサイズが17KiBのパーティションテーブルが存在するため、パーティションが作れる領域のサイズは1GiBよりやや小さくなります。

部分はlinearターゲットを作る際に指定するテーブルです。テーブルの中の「7:0」はtest.imgに対応する/dev/loop0に対応します。

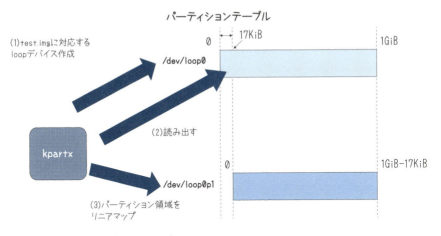

図6.3　kpartxとlinearターゲット

```
$ sudo losetup -l
NAME        SIZELIMIT OFFSET AUTOCLEAR RO BACK-FILE ⏎
DIO LOG-SEC
/dev/loop0          0      0         0  0 /.../test.img      0    512
```
※誌面の都合上、⏎で改行しています。

さてtest.imgの中のパーティションは/dev/mapper/loop0p1として使えるようになったので、あとはこの中にファイルシステムを作ればいいだけです。

```
$ sudo mkfs.ext4 /dev/mapper/loop0p1
～省略～
Writing superblocks and filesystem accounting information: done
```

実験が終わったのでkpartxで作ったlinearターゲットなどを削除しておきましょう。

```
$ sudo kpartx -d test.img

$ ls -l /dev/mapper/loop0p1
ls: cannot access '/dev/mapper/loop0p1': No such file or directory

$ sudo losetup -l

$ rm test.img
rm: remove write-protected regular file 'test.img'? y
```

6.3 flakey ターゲットによる I/O 失敗のエミュレーション

flakeyターゲットはディスクのI/Oエラーを人為的に起こすためのターゲットです。通常、ディスクデバイスは滅多なことでは故障しませんが（大規模システムのインフラを管理しているような方は毎日のように故障に遭遇していると思いますが……）、デバイスが故障したときのソフトウェアの振る舞いをテストしたいようなときには、このターゲットが役立ちます（図6.4）。

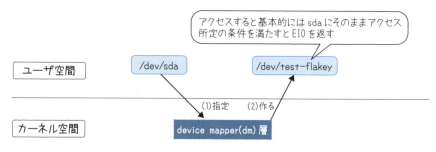

図6.4　flakeyターゲット

それではflakeyターゲットを使ってみましょう。このターゲットのテーブルは、第2フィールドまではlinearターゲットと同じです。以下、第3フィールド以降について意味を書きます。

```
flakey <マップ先デバイス名> <マップ開始オフセット> <正しく動作する期間（秒）> ⏎
<エラーが発生する期間（秒）>
```

※誌面の都合上、⏎で改行しています。

例えば以下のようなテーブルを作ったとします。

```
0 2097152 flakey /dev/loop0 0 2 2
```

このテーブルを使ったflakeyターゲットにアクセスすると、その裏では/dev/loop0にアクセスします。ここまではlinearターゲットと同じなのですが、ここからが違います。このデバイスへのアクセスは、最初の2秒間は正しく動き、次の2秒間はI/Oエラーが発生し、また2秒間正しく動き……という挙動をします（図6.5）。

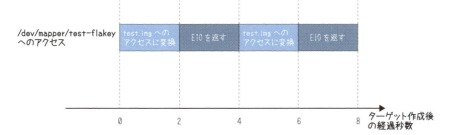

図6.5　時間経過に伴ってtest-flakeyターゲットへのアクセス時の挙動が変わる

では実験してみましょう。

```
$ cat test-flakey.txt
0 2097152 flakey /dev/loop0 0 2 2

$ sudo dmsetup create test-flakey test-flakey.txt

$ ls -l /dev/mapper/test-flakey
lrwxrwxrwx 1 root root 7 Oct 21 05:16 /dev/mapper/test-flakey -> ../dm-2
```

ここから/dev/mapper/test-flakeyのデータを1秒に1回、合計10回読み出してみます。

```
$ sudo bash -c 'for ((i=0;i<10;i++)) ; do dd if=/dev/mapper/test-flakey ⏎
of=/dev/null bs=128 count=1 ; sleep 1; done'
〜省略〜
128 bytes copied, 0.000198435 s, 645 kB/s
dd: error reading '/dev/mapper/test-flakey': Input/output error
〜省略〜
0 bytes copied, 0.000114866 s, 0.0 kB/s
dd: error reading '/dev/mapper/test-flakey': Input/output error
〜省略〜
0 bytes copied, 0.000228905 s, 0.0 kB/s
〜省略〜
128 bytes copied, 0.000169802 s, 754 kB/s
〜省略〜
128 bytes copied, 0.000224296 s, 571 kB/s
dd: error reading '/dev/mapper/test-flakey': Input/output error
〜省略〜
0 bytes copied, 0.000155681 s, 0.0 kB/s
dd: error reading '/dev/mapper/test-flakey': Input/output error
〜省略〜
0 bytes copied, 0.000196445 s, 0.0 kB/s
〜省略〜
```

※誌面の都合上、⏎で改行しています。

同様に書き込みを行います。

```
$ sudo bash -c 'for ((i=0;i<10;i++)) ; do dd if=/dev/zero of=/dev/mapper/ ⏎
test-flakey bs=128 count=1 ; sleep 1; done'
～省略～
128 bytes copied, 0.000170877 s, 749 kB/s
～省略～
128 bytes copied, 0.000193376 s, 662 kB/s
dd: error writing '/dev/mapper/test-flakey': Input/output error
～省略～
0 bytes copied, 0.000182287 s, 0.0 kB/s
dd: error writing '/dev/mapper/test-flakey': Input/output error
～省略～
0 bytes copied, 0.000134151 s, 0.0 kB/s
～省略～
```

※誌面の都合上、⏎で改行しています。

想定どおり、データを正しく読み出せる期間とI/Oエラーが発生する期間が2秒ごとに入れ替わることがわかります。これにより、通常のデバイスを使っているだけではなかなかできない、I/Oエラーが発生する異常系のテストができます。

flakeyターゲットには以下のように追加機能を指定して、細かい設定をすることが可能です。

```
flakey <デバイス名> <オフセット> <正しく動作する期間（秒）> <エラーが発生する期間（秒）> ⏎
<使用する追加機能の数> [<追加機能用のパラメータ>]
```

※誌面の都合上、⏎で改行しています。

例えば以下のようにすると「読み出しは問題なくできるが、書き込みだけが4秒中2秒失敗する」という状態にできます。

```
0 2097152 flakey /dev/loop0 0 2 2 1 error_writes
```

「/dev/loop0 0 2 2」のあとの「1」によって追加機能を1つ使うことを指定し、そのあとの「error_writes」によって書き込みのみを失敗させる機能を使うことを指定します。

他にもflakeyターゲットにはさまざまな機能があります。詳細はカーネルの公式ドキュメントを参照してください。

・https://www.kernel.org/doc/html/latest/admin-guide/device-mapper/dm-flakey.html

6.4 delay ターゲットによる I/O 遅延のエミュレーション

ディスクの障害にはさまざまな種類があります。I/Oエラーはflakyターゲットで扱えることを述べましたが、delayターゲットではI/Oの遅延を発生させられます。

それではdelayターゲットを実際に使ってみましょう。ここではアクセスするたびに500ミリ秒の遅延が入るターゲットを作ります。テーブルは以下のように書きます。

```
$ cat test-delay.txt
0 2097152 delay /dev/loop0 0 500
```

続いて、このテーブルを使ったターゲットを作って、そこにデータを書き込んでみます（図6.6）。

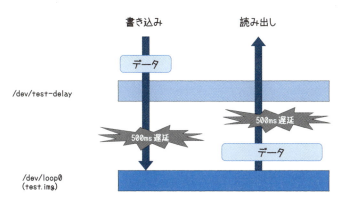

図6.6　delayターゲットによるI/Oの遅延

```
$ sudo dmsetup create test-delay test-delay.txt # ここで数秒間かかります

$ sudo dd if=/dev/zero of=/dev/mapper/test-delay bs=4k count=1
1+0 records in
1+0 records out
4096 bytes (4.1 kB, 4.0 KiB) copied, 0.525771 s, 7.8 kB/s
```

見てのとおり、わずか4KiBの書き込みに500ミリ秒以上秒かかることがわかりました。

6.5 || crypt ターゲットによる ディスクの暗号化

crypt ターゲットを使うと、デバイスにデータを暗号化したうえで格納できます。例えばディスクの暗号化をしてキーを第三者にアクセスできないような状態で持っておくと、仮にデータセンターに忍び込まれてディスクを盗まれても泥棒にはデータが見えません。

cryptターゲットはdmsetupコマンドを使って管理することもできますが、通常はこのターゲット専用のcryptsetupコマンドを使って管理します。cryptターゲットには、データ暗号化に使用するディスク形式を指定する「モード」という概念があります。ここではplainモードとLUKSモードという2つのモードを紹介します。

6.5.1　plain モードの使い方

まずは暗号化対象のデバイスを作ります。これまでの例と同様、1GiBの大きさを持つ**test.img**というファイルを作ってloopデバイスにマッピングします。

```
$ dd if=/dev/zero of=test.img bs=1 count=0 seek=1GiB
〜省略〜

$ sudo losetup -f test.img

$ sudo losetup -l
NAME        SIZELIMIT OFFSET AUTOCLEAR RO BACK-FILE ⏎
DIO LOG-SEC
/dev/loop0        0      0         0 0 /.../test.img  0      512
```

※誌面の都合上、⏎で改行しています。

暗号化するデバイスはこの段階ですべてランダムデータで上書きするのが望ましいのですが、ここではcryptsetupの使い方の説明に留めたいので、省略します。

cryptsetupは内部的にデバイスマッパのテーブルを作っています。テーブルの中身はdmsetupコマンドを使えば確認できます。

```
$ sudo dmsetup table /dev/mapper/test-crypt
0 2097152 crypt aes-cbc-essiv:sha256 ⏎
00000000000000000000000000000000000000000000000000000000000000 0 7:0 0
```

※誌面の都合上、⏎で改行しています。

次にloop0の中身を暗号化したtest-cryptという名前のターゲットを作成します。ここではパスワードをキーとしてデータを暗号化します。

```
$ sudo cryptsetup open --type=plain /dev/loop0 test-crypt
Enter passphrase for .../test.img: # 適当なパスワードを入力する。

$ ls -l /dev/mapper/test-crypt
lrwxrwxrwx 1 root root 7 Oct 15 05:48 /dev/mapper/test-crypt -> ../dm-1
```

/dev/mapper/test-cryptというターゲットが作成されていることがわかります（図6.7）。ではこのターゲットにデータを書き込んで、その裏にある/dev/loop0のデータが暗号化されているかを確認してみましょう。ここでは「hello world」という文字列をターゲットの先頭に書き込んで、その後のターゲットとtest.imgの中身を比較してみましょう。

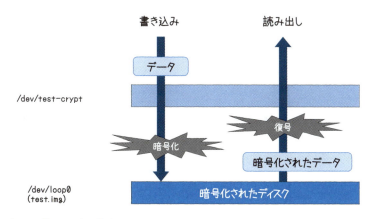

図6.7　plainモードのcryptターゲット

```
$ echo "hello world" >hello.txt

$ sudo dd if=hello.txt of=/dev/mapper/test-crypt

$ sudo hexdump -n 12 /dev/mapper/test-crypt
0000000 d955 83da 6ae1 5ddc f38a c2de
000000c

$ sudo hexdump -n 12 test.img
0000000 9aec 1342 1f83 57c9 8017 b71f
000000c
```

中身が全然違うことがわかります。test.imgの内容は、/dev/mapper/testcryptターゲットを作る際に指定したパスフレーズをキーとして暗号化されたものだからです。

ターゲットを削除する際も**cryptsetup**コマンドを使えます。

```
$ sudo cryptsetup close test-crypt

$ ls -l /dev/mapper/test-crypt
ls: cannot access '/dev/mapper/test-crypt': No such file or directory
```

この状態でディスクが盗まれたとしても、パスフレーズを知らない泥棒は、このディスクの中に「hello world」という文字列データが入っていることがわからないというわけです。

6.5.2 plain モードの問題点

plainモードはディスクの中に一切情報を持ちません。ディスクのサイズが1GiBであれば、暗号化されたデバイスのサイズもまったく同じ1GiBです。これはどういうことかというと、データをどういう方法で暗号化したかをすべてユーザが覚えていなくてはいけないということです。例えば先ほど紹介したtest-cryptターゲットを再度作るには、「**--type plain**」という文字列を入力しなければいけませんし、ただのパスフレーズではなく複雑な方法で暗号化していた場合は、それらすべてをどこか別の場所に記録しておかなければなりません。

このような事情もあってplainモードは運用が難しいので、多くの場合は次項で説明するLUKSを代わりに使います。**cryptsetup**のマニュアルにも、よくわからなければLUKSを使うようにという案内があります。

```
PLAIN DM-CRYPT OR LUKS?
        Unless you understand the cryptographic background well, use LUKS. ⏎
With plain dm-crypt there are a number of possible user errors that ⏎
massively decrease security. While LUKS cannot fix them all, it can lessen ⏎
the impact for many of them.
```
※誌面の都合上、⏎で改行しています。

実際、typeオプションを指定しない場合のデフォルトの暗号化モードはLUKSです。

6.5.3 LUKS

LUKS（Linux Unified Key Setup）という仕組みを使うと、plainモードよりも暗号化したデバイスの管理が楽になります。LUKSは暗号化対象のディスクの中に、どういう暗号スイートでディスクを暗号化したかなどの情報の一部を持っています。このためplainモードよりも管理が楽になっています。

ではLUKSを使ってディスクを暗号化してみましょう。まずは**cryptsetup**コマンドの**luksFormat**サブコマンドを使ってディスク先頭領域にLUKSのヘッダ領域を作ります。

```
$ sudo cryptsetup luksFormat /dev/loop0

WARNING!
========
This will overwrite data on /dev/loop0 irrevocably.

Are you sure? (Type 'yes' in capital letters): YES
Enter passphrase for /.../test.img:
Verify passphrase:
```

暗号化したうえでデバイスを開くにはplainモードと同じく**open**サブコマンドを使います。

```
$ sudo cryptsetup open /dev/loop0 test-luks
Enter passphrase for /.../test.img:
```

あとは**/dev/mapper/test-luks**を操作すれば、すべてのデータを暗号化したうえで**test.img**に書き込まれます（図6.8）。なお**/dev/loop0**の先頭領域にLUKSヘッダが存在しているため、**/dev/mapper/test-luks**のサイズは**/dev/loop0**よりも少しだけ小さくなります。

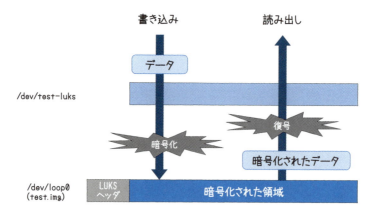

図6.8　LUKSモードのcryptターゲット

```
$ sudo blockdev --getsize /dev/loop0
2097152

$ sudo blockdev --getsize /dev/mapper/test-luks
2064384
```

ターゲットを削除するのにもcloseコマンドが使えます。

```
$ sudo cryptsetup close test-luks
```

LUKSはLUKSヘッダにデータを保存できるため、plainモードにはないさまざまな便利な機能を持っています。本書はデータの暗号化についての書籍ではないためここでそれらを説明するのは避けますが、興味のある方はcryptsetupのmanページの「LUKS EXTENSION」の節を参考にしてください。また、次のURLにあるcryptsetupプロジェクトのREADMEも役に立つでしょう。

・https://gitlab.com/cryptsetup/cryptsetup#luks-design

6.5.4 関連するターゲット

cryptsetupプロジェクトは、cryptターゲット以外にもストレージの改ざんを防止するintegrityターゲットとverityターゲットをサポートしています。それぞれ`integritysetup`と`veritysetup`というコマンドを使って操作します。興味のある方は次の資料を読んでみてください。

- dm-integrityのマニュアル：https://docs.kernel.org/admin-guide/device-mapper/dm-integrity.html
- dm-verityのマニュアル：https://docs.kernel.org/admin-guide/device-mapper/verity.html
- Arch Wikiのdm-verityのページ：https://wiki.archlinux.org/title/Dm-verity

> **note**
>
> 本章で紹介したもの以外にもLinuxにはさまざまな種類のターゲットがあります。興味のある方は以下のURLにあるLinuxカーネルの公式ドキュメントを見てください。
>
> 実際使うか使わないかはさておき、ざっと眺めてみるだけで、いろいろ面白い発見があるでしょう。
>
> - https://docs.kernel.org/admin-guide/index.html

第 7 章

LVM

7.1 LVM とは？

LVMはLogical Volume Managerの略であり、複数のデバイスをまとめて管理する**ボリュームマネージャ**という機能を提供します。LVMはさまざまなLinuxディストリビューションにおいてデフォルトで使われているので、知らず知らずのうちに使っている方もいるかもしれません。

LVMは基本的にはブロックデバイス上に**PV**（Physical Volume）と呼ばれるデータ構造を作り、PVを束ねて**VG**（Volume Group）を作って、そこから**LV**（Logical Volume）を切り出してブロックデバイスとして使うという流れになります（図7.1）。

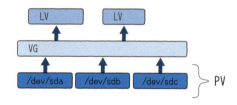

図7.1　LVM

LVはVGの容量が許す限り、好きな大きさで好きな数だけ作ることできます。

7.2 LVM の使い方

以下に、LVMの使い方の例を示します。

1. サイズが1GiBである2つのブロックデバイス/dev/loop0と/dev/loop1上にPVを作る
2. 2つのPVの上にtestvgという名前のVGを作る
3. testvgから3つのLV、testlv1（サイズは100MiB）、testlv2（同200MiB）、testlv3（同300MiB）を作る

まずはブロックデバイスの上にPVを作ります。

```
$ sudo pvcreate /dev/loop0 /dev/loop1
  Physical volume "/dev/loop0" successfully created.
  Physical volume "/dev/loop1" successfully created.
```

PVの一覧はpvsコマンドで得られます（図7.2）。

```
$ sudo pvs
  PV         VG Fmt  Attr PSize PFree
  /dev/loop0    lvm2 ---  1.00g 1.00g
  /dev/loop1    lvm2 ---  1.00g 1.00g
```

図7.2　2つのPV

続いて、2つのPVからVGを作ります。

```
$ sudo vgcreate testvg /dev/loop0 /dev/loop1
  Volume group "testvg" successfully created
```

> **note**
>
> 実はvgcreateは、ブロックデバイス上にPVがない場合は自動的に作られます。

VGの一覧（今は1つしかありませんが）はvgsコマンドで得られます（図7.3）。

```
$ sudo vgs
  VG     #PV #LV #SN Attr   VSize VFree
  testvg   2   0   0 wz--n- 1.99g 1.99g
```

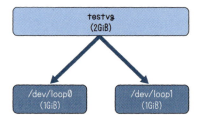

図7.3 testvg

testvgは、容量が1GiBのPV2つから作ったので、総容量が約2GiBあります。ではここから3つのLVを切り出してみましょう。

```
$ sudo lvcreate -n testlv1 testvg -L100MiB
  Logical volume "testlv1" created.
$ sudo lvcreate -n testlv2 testvg -L200MiB
  Logical volume "testlv2" created.
$ sudo lvcreate -n testlv3 testvg -L300MiB
  Logical volume "testlv3" created.
```

LVの一覧はlvsコマンドを使えばわかります（図7.4）。

```
$ sudo lvs
  LV      VG     Attr       LSize   Pool Origin Data% Meta% Move Log ⏎
Cpy%Sync Convert
  testlv1 testvg -wi-a----- 100.00m
  testlv2 testvg -wi-a----- 200.00m
  testlv3 testvg -wi-a----- 300.00m
```

※誌面の都合上、⏎で改行しています。

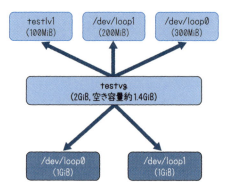

図7.4 3つのLV

LVを作ったあとは「/dev/<VG名>/<LV名>」か、「/dev/mapper/<VG名>-<LV名>」という名前でアクセスできます。

```
$ ls -l /dev/testvg/
total 0
lrwxrwxrwx 1 root root 7 Oct 21 11:32 testlv1 -> ../dm-0
lrwxrwxrwx 1 root root 7 Oct 21 11:32 testlv2 -> ../dm-1
lrwxrwxrwx 1 root root 7 Oct 21 11:32 testlv3 -> ../dm-2

$ ls -l /dev/mapper/testvg-*
lrwxrwxrwx 1 root root 7 Oct 21 11:32 /dev/mapper/testvg-testlv1 -> ../dm-0
lrwxrwxrwx 1 root root 7 Oct 21 11:32 /dev/mapper/testvg-testlv2 -> ../dm-1
lrwxrwxrwx 1 root root 7 Oct 21 11:32 /dev/mapper/testvg-testlv3 -> ../dm-2
```

LVはブロックデバイスなので、LVのファイルシステムを作ればマウントして使えます。もちろんブロックデバイスとしてそのまま作ってもかまいません。

7.2.1 LVM とデバイスマッパの関係

いくつかLVを作ったところで、第6章で学んだdmsetup tableコマンドを実行してみましょう。

```
$ sudo dmsetup table
testvg-testlv1: 0 204800 linear 7:0 2048
testvg-testlv2: 0 409600 linear 7:0 206848
testvg-testlv3: 0 614400 linear 7:0 616448
```

LVに対応するlinearターゲットが表示されました。これによってLVMはlinearターゲットを使って実装していることがわかります。テーブルを見ると/dev/loop0(7:0)の先頭から順番にtestlv1、testlv2、testlv3が詰め込まれていることがわかります（図7.5）。

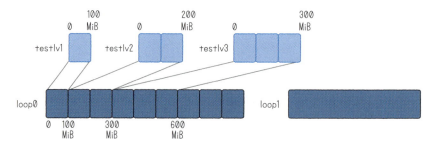

図7.5　1つのPVにリニアマップされる3つのLV

ここでさらに理解を深めるために、testvgの中にサイズが500MiBのtestlv4というLVを作ってみましょう。

```
$ sudo lvcreate -n testlv4 testvg -L500MiB
  Logical volume "testlv4" created.

$ sudo dmsetup table
testvg-testlv1: 0 204800 linear 7:0 2048
testvg-testlv2: 0 409600 linear 7:0 206848
testvg-testlv3: 0 614400 linear 7:0 616448
testvg-testlv4: 0 1024000 linear 7:1 2048
```

testlv4は/dev/loop0に残されている空き領域に収まらなくなったので、/dec/loop1(7:1)に作られたことがわかります（図7.6）。

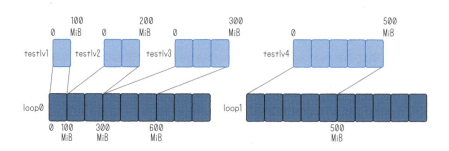

図7.6　2つのPVにリニアマップされる4つのLV

7.2.2 オンラインリサイズ

VG上にたくさんLVを作っていくとVGの容量が足りなくなってきます。testvgの現在の空き容量を確認してみましょう（図7.7）。

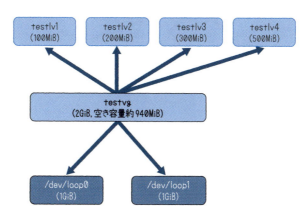

図7.7　現在のPV、VG、LVの状況

```
$ sudo vgs testvg
  VG     #PV #LV #SN Attr   VSize VFree
  testvg  2   4   0 wz--n- 1.99g 940.00m
```

空き容量は約940MiBなので、ここで仮に1GiBのLVを作りたくてもできません。ここでLVMは、運用を止めずにVGにPVを追加できます。以下はtestvgに容量が1GiBの/dev/loop2を追加する手順です。

```
$ sudo vgextend testvg /dev/loop2 # ……❶
  Physical volume "/dev/loop2" successfully created.
  Volume group "testvg" successfully extended

$ sudo vgs
  VG     #PV #LV #SN Attr   VSize  VFree
  testvg  3   4   0 wz--n- <2.99g 1.91g # ……❷
```

❶のvgextendコマンドによって/dev/loop2を組み込むと、❷のように空き容量が1.91GiBに増えました（図7.8）。つまり、システムに空きディスクが存在する限りVGの容量を拡張できるというわけです。なお、拡張中に既存のLVへのI/Oを止める必要はありません。

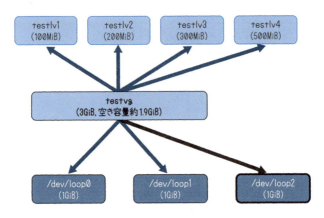

図7.8　VGの拡張

VGからPVを削除することもできます。以下はtestvgから/dev/loop1を削除する操作です。PVの削除は、PVに存在しているデータをpvmoveコマンドによって別のPVに移したうえでvgreduceコマンドによって実現します。

```
$ sudo pvmove /dev/loop1 # ......❶
  /dev/loop1: Moved: 8.00%
  /dev/loop1: Moved: 100.00%

$ sudo vgreduce testvg /dev/loop1 # ......❷
  Removed "/dev/loop1" from volume group "testvg"

$ sudo vgs
  VG     #PV #LV #SN Attr   VSize VFree
  testvg   2   4   0 wz--n- 1.99g 940.00m   # ......❸

$ sudo dmsetup table
testvg-testlv1: 0 204800 linear 7:0 2048
testvg-testlv2: 0 409600 linear 7:0 206848
testvg-testlv3: 0 614400 linear 7:0 616448
testvg-testlv4: 0 1024000 linear 7:2 2048   # ......❹
```

❶において/dev/loop1の中にあるデータが/dev/loop0か、あるいは/dev/loop1に移動させられます（図7.9）。この状態で❷で/dev/loop1をVGから取り外すというわけです。❸で、1GiBのPVを削除したので空き容量は再び940MiBに減ったことがわかります。さらに❹で/dev/loop1（デバイス番号は7:1）のデータは/dev/loop2（デバイス番号は7:2）に移ったことがわかります。

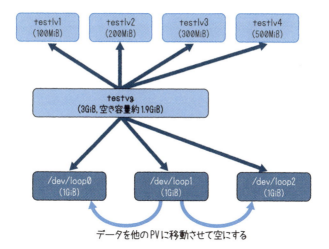

図7.9　PVのデータを他のPVに移動させる

LVの容量が足りなくなってきた場合は**lvresize**コマンドによってサイズを拡張できます。以下は**testvg/testlv1**の容量を100MiBから200MiBに拡張する場合です。

```
$ sudo lvresize testvg/testlv1 -L200MiB
  Size of logical volume testvg/testlv1 changed from 100.00 MiB (25 extents) ⏎
to 200.00 MiB (50 extents).
  Logical volume testvg/testlv1 successfully resized.
```

※誌面の都合上、⏎で改行しています。

この操作は**testvg/testlv1**へのI/Oは止めずに実施できます。testvg/testlv1上にファイルシステムが作られていれば、ファイルシステムへのI/Oを止める必要はありません。ただしLVのサイズが増えたことをファイルシステムに認識させる必要があります。例えばLV上にext4ファイルシステムが存在していた場合は**resize2fs**コマンドを使います（図7.10）。

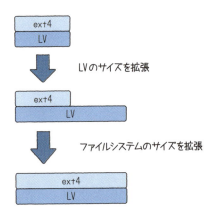

図7.10　LVとファイルシステムの拡張

7.2.3　スナップショット

　ある時点でのLVの状態を採取する**スナップショット**という機能もあります。スナップショットは単にデータのフルコピーを取るのではなく、データそのものはスナップショット採取元のPVと共有するため、高速に取得できます。スナップショットの用途には、取得後に取得元LVの内容をスナップショットのものに巻き戻したり、スナップショットをもとにバックアップを取ったりというものがあります。

　以下はtestvg/testlv1のスナップショットであるtestsnapという名前のスナップショットを採取する例です。

```
$ sudo lvcreate --snapshot --size 10MiB --name testsnap testvg/testlv1 # ……❶
  Logical volume "testsnap" created.

$ sudo lvs
  LV       VG     Attr       LSize   Pool Origin Data%  Meta%  Move Log ⏎
Cpy%Sync Convert
  testlv1  testvg owi-a-s--- 200.00m
  testlv2  testvg -wi-a----- 200.00m
  testlv3  testvg -wi-a----- 300.00m
  testlv4  testvg -wi-a----- 500.00m
  testsnap testvg swi-a-s--- 100.00m      testlv1 0.00 # ……❷
```

※誌面の都合上、⏎で改行しています。

　❶でスナップショットを採取します。スナップショット採取時には--sizeオプションによってスナップショット領域と呼ばれる領域のサイズを指定します。「スナップショットのサイズはtestlv1のサイズである200MiBなのでは？　スナップショット

領域とは一体何なのだろう？」と思うかもしれませんが、スナップショット領域については後ほど説明します。

❷はtestsnapという名前のtestlv1から作られたスナップショットが存在することを示しています。スナップショットは通常のLVと同様にブロックデバイスとして使えます。例えばバックアップ用のディスクが/dev/sddだとすると、以下のようなコマンドを実行すればスナップショットのデータをバックアップできます。

```
$ sudo dd if=/dev/testvg/testsnap of=/dev/sdd bs=1M
```

ここではブロックサイズを1MiBとしていますが、本番ではハードウェアの特性に合わせて変更する必要があります。

スナップショットを採取したあとに誤ってtestlv1上のデータを消してしまった場合は、testlv1の内容をスナップショットにロールバックすることもできます。

```
$ sudo lvconvert --merge testvg/testsnap # ......❶
  Merging of volume testvg/testsnap started.
  testvg/testlv1: Merged: 100.00%

$ sudo lvs # ......❷
  LV      VG      Attr       LSize    Pool Origin Data%  Meta%  Move Log ⏎
Cpy%Sync Convert
  testlv1 testvg -wi-a----- 200.00m
  testlv2 testvg -wi-a----- 200.00m
  testlv3 testvg -wi-a----- 300.00m
  testlv4 testvg -wi-a----- 500.00m
```

※誌面の都合上、⏎で改行しています。

❶によってtestlv1の内容はtestsnapのもので置き換えられます。❷によって、この操作でスナップショットが消滅することがわかります。

スナップショットはデータのフルコピーに比べて採取が高速、採取時には採取元LVとデータを共有しているので容量消費が少ないという利点があります。ただその一方、データを共有しているがゆえに共有部分が破損するとスナップショットのデータも採取元LVのデータも失ってしまうという欠点もあります。

さらに、スナップショット採取後にLVに書き込むと、データの共有を解除する**CoW**（Copy on Write）という処理のために性能が劣化するという問題もあります。もう少し具体的にいうと、スナップショット採取後にtestlv1にデータを書き込むと、変更前のデータがtestsnapのスナップショット領域に書き込まれます。つまりtestlv1へ1回書き込みをすると、実際にはtestlv1とtestsnapのスナップショット領域に、合計2回のI/Oを発行します（図7.11）。

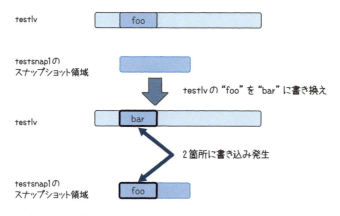

図7.11　LVスナップショットのコピーオンライト処理

　CoWによる性能ペナルティはスナップショットの数が増えるごとに大きくなっていきます。例えば、あるLVに5個スナップショットを作ったあとに書き込みをすると、LVへの書き込みに加えて5個のスナップショットすべてに対しても書き込み処理が動作します（図7.12）。

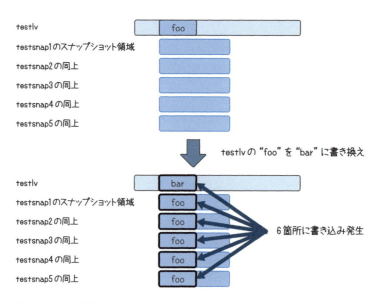

図7.12　LVスナップショットが増えたときのコピーオンライト処理

例えば筆者の仮想環境上で`dd if=/dev/zero of=/dev/testvg/testlv1 bs=1M oflag=direct`というコマンドでLVに書き込みをした結果は次のようになりました。

スナップショットの数	書き込み速度（MB/秒）
0	170
1	24
5	6.6

ここで重要なのは書き込み速度の絶対値ではなく、スナップショットの個数によって性能が劣化していくという点です。データの共有が解除されたあとは性能は元に戻りますが、性能要件が厳しいシステムでは許容できないかもしれません。

スナップショット採取後に書き込みが大量に発生するとスナップショット領域が枯渇してしまう可能性があります。このような状態になったスナップショットは、これ以降使えなくなってしまいます。スナップショット領域が大きすぎれば容量の無駄になりますし、小さすぎれば領域の枯渇が発生する可能性が高まるので悩ましいところです。

7.2.4 作った LV の削除

このあとthin LVというものを説明しますが、その前に、これまでに作ってきたLVをすべて削除しておきましょう。

```
$ sudo lvremove testvg/testlv{1,2,3,4}
Do you really want to remove and DISCARD active logical volume testvg/testlv1? ⏎
[y/n]: y
  Logical volume "testlv1" successfully removed
〜省略〜

$ sudo vgs
  VG      #PV #LV #SN Attr   VSize VFree
  testvg   2   0   0 wz--n- 1.99g 1.99g # ......❶

$ sudo lvs

$ # ......❷
```

※誌面の都合上、⏎で改行しています。

❶によってtestvgは容量1.99GiBであること、❷によってtestvg内にはLVが何も作られていないことがわかります。

7.3 thin LV

　LVの作成時に、作成対象となるLVのサイズをどれだけにするのかを見積もるのは大変です。少なすぎれば将来的にLVとその上のファイルシステムを拡張しなければならなくなりますし、大きすぎるとストレージ利用効率が下がってしまします。

　このような問題に対処するために、LVMはLVをシンプロビジョニングする**thin LV**（「thin」とは「薄い」という意味です）という機能を持っています。シンプロビジョニングはストレージの用語で、ボリューム（ここではLV）を作成するときにボリュームサイズに相当するストレージ容量をすべて確保するのではなく、実際にデータを書き込むときに必要な量だけ確保する機能です。

　これまでに説明してきた普通のLVは作成時に-L100MiBとすれば100MiBのストレージ領域を獲得しますが、thin LVの場合はそうではありません。-L100MiBを指定しても、作った直後はストレージ領域をほとんど獲得しません。その後thin LVのデータに書き込みが発生した際に、データサイズに相当するストレージ領域を動的に確保します。書き込みした領域が増えれば増えるほど使用サイズも増えていき、すべての領域に書き込んだあとは獲得領域が100MiBに達するというわけです。

　thin LVのデータは**thin pool**という領域に保存します（図7.13）。前の段落でthin LVのデータは書き込みが発生した際にストレージ領域を動的に確保すると書きましたが、この領域はthin poolから確保するのです。thin poolは1つのthin LV専用のものを用意してもいいですし、複数のthin LVで共用してもかまいません。

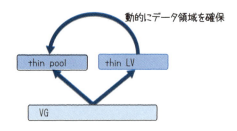

図7.13　thin poolとthin LV

7.3.1 使い方

まずはthin poolを作ります。以下は、`testpool`という名前でサイズが500MiBの
thin poolを作る例です。

```
$ sudo lvcreate --type thin-pool -L 500MiB -n testpool testvg
  Thin pool volume with chunk size 64.00 KiB can address at most 15.81 TiB of data.
  Logical volume "testpool" created.
```

thin poolはLVとして認識されます。

```
$ sudo lvs
  LV        VG      Attr      LSize    Pool Origin Data%  Meta%  Move Log ⏎
Cpy%Sync Convert
  testpool testvg twi-a-tz-- 500.00m              0.00   10.84
```

※誌面の都合上、⏎で改行しています。

これまでは空だった`Data%`、`Meta%`というフィールドの値が設定されていることが
わかります。これはthin pool内のデータ領域とメタデータ領域の使用量です。それぞ
れの意味は以下のとおりです。

- データ領域：thin LVのデータを保存
- メタデータ領域：どのthin LVのどの領域のデータがデータ領域のどこにあるのか
  というマッピング情報

ただしthin poolはユーザが直接使うものではなく、thin LVを作る際にパラメータ
として指定するだけです。

続いてthin LVを作ってみましょう。ここではサイズが100MiBのthin LV、testthin1
を作ります。

```
$ sudo lvcreate --thin --thinpool testpool -V 100MiB -n testthin1 testvg
  Logical volume "testthin1" created.
```

thin LVではサイズを`-L`ではなく`-V`で指定していることに注意してください。ここ
で例えば`-L10MiB`を同時に指定すると、「testthin1のサイズは100MiBで、確保直後は
10MiBの領域を確保する」という意味になります。今回は`-L`を指定しなかったため、
作成直後はほとんど領域を確保しません。

lvsコマンドを使ってtestthin1が作られているかどうかを確認してみましょう。

```
$ sudo lvs
  LV        VG      Attr       LSize    Pool      Origin  Data%  Meta%  Move  Log ⏎
Cpy%Sync Convert
  testpool  testvg  twi-aotz-- 500.00m                    0.00   10.94 # ......❶
  testthin1 testvg  Vwi-a-tz-- 100.00m  testpool          0.00 # ......❷
```

※誌面の都合上、⏎で改行しています。

testpoolに加えてtestthin1についての行が増えました。❶を見ると、testpool内にtestthin1を作ったことによって、メタデータ領域を0.1%ほど消費したことがわかります。

また❷を見ると、thin LVであるtestthin1には、普通のLVの場合は空白である2つのフィールド、PoolとData%に値が存在していることがわかります。前者はthin LVのデータを保存するthin pool（ここではtestpool）を示します。後者は、testthin1がLSizeのうち、どれだけの割合のデータを割り当てたかを示しています。つまり現在は容量が100MiBなのに対してデータ領域をまったく割り当てていないという状態なのです（図7.14）。

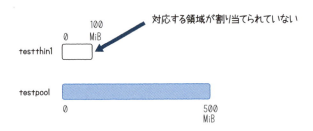

図7.14 作成直後のthin LV

ではtestthin1の全領域（サイズは100MiB）に書き込みをしてみましょう。

```
$ sudo dd if=/dev/zero of=/dev/testvg/testthin1 bs=1M count=100
〜省略〜

$ sudo lvs
  LV        VG      Attr       LSize    Pool      Origin  Data%  Meta%  Move  Log ⏎
Cpy%Sync Convert
  testpool  testvg  twi-aotz-- 500.00m                    20.00  11.62 # ......❶
  testthin1 testvg  Vwi-a-tz-- 100.00m  testpool          100.00 # ......❷
```

※誌面の都合上、⏎で改行しています。

❶から、testthin1への書き込みによってtestpool上のデータ領域を20%、メタデータを0.68%（11.62 − 10.94）消費したことがわかります。そして❷からは、testthin1にはLSizeの全領域、つまり100%のデータがストレージ上に割り当てられたことがわかります（図7.15）。

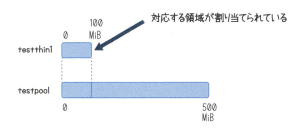

図7.15　thin pool上に領域が割り当てられたthin LV

thin LVはVGの容量を越える巨大なサイズの割り当てもできます。ここではthin poolのサイズが500MiBなのに対して1TiBのボリュームを作ってみましょう。

```
$ sudo lvcreate --thin --thinpool testpool -V 1TiB -n testthin2 testvg
  WARNING: Sum of all thin volume sizes (1.00 TiB) exceeds the size of thin ⏎
pool testvg/testpool and the size of whole volume group (1.99 GiB).
  WARNING: You have not turned on protection against thin pools running out ⏎
of space.
  WARNING: Set activation/thin_pool_autoextend_threshold below 100 to ⏎
trigger automatic extension of thin pools before they get full.
  Logical volume "testthin2" created.
$ sudo lvs
  LV        VG      Attr       LSize    Pool     Origin Data%  Meta%  Move Log ⏎
Cpy%Sync Convert
  testpool  testvg  twi-aotz-- 500.00m                  20.00  11.72
  testthin1 testvg  Vwi-a-tz-- 100.00m  testpool        100.00
  testthin2 testvg  Vwi-a-tz--   1.00t  testpool        0.00
```

※誌面の都合上、⏎で改行しています。

何やら警告が出つつも作成できました。このあとtestthin2にはtestpoolの容量が枯渇するまでは1TiBのLVとしてアクセスできます（図7.16）。

図7.16　巨大なthin LV

警告の意味は以下のとおりです。

- testpoolに所属するthin LVの合計サイズがtestpoolとtestvgのサイズを越えてしまった
- poolの容量枯渇が発生するかもしれないが対策がされていないので`activation/thin_pool_autoextend_threshold`パラメータを設定せよ

これらの警告の意味については次節で述べます。

7.3.2　thin pool の拡張

　thin poolのデータ領域かメタデータ領域のいずれかが枯渇すると、そのthin pool上のthin LVが応答できなくなるout-of-space modeという状態になります。さらにこの状態が長く続くとthin LVに対するI/Oが失敗します。このような問題を避けるために、データ領域とメタデータ領域は拡張できるようになっています。

　thin poolのデータ領域、メタデータ領域の拡張には`lvresize`コマンドを使います。例えばデータ領域を600MiBに拡張するには次のようにします。

```
$ sudo lvextend testvg/testpool -L600MiB
  Size of logical volume testvg/testpool_tdata changed from 500.00 MiB ⏎
(125 extents) to 600.00 MiB (150 extents).
  Logical volume testvg/testpool_tdata successfully resized.
```

※誌面の都合上、⏎で改行しています。

　メタデータ領域を100MiBに拡張するには次のようにします。

```
$ sudo lvextend testvg/testpool --poolmetadatasize 100MiB
  Size of logical volume testvg/testpool_tmeta changed from 4.00 MiB ⏎
(1 extents) to 100.00 MiB (25 extents).
  Logical volume testvg/testpool_tmeta successfully resized.
```

※誌面の都合上、⏎で改行しています。

　特にメタデータ領域はデータ領域に比べてサイズが小さいのと、直観的にどれだけ消費するのかがわかりにくいので注意が必要です。

　前節のコマンド実行結果の警告メッセージに書かれていたactivation/thin_pool_autoextend_thresholdというLVMのパラメータ（％単位）を設定すると、thin poolの使用率がこのパラメータの設定を越えると自動的にthin poolを拡張するようになります。また、activation/thin_pool_autoextend_oercentというパラメータによって、拡張時にどれだけの量を一度に拡張するかを制御できます。もちろんVGに十分な空き容量がなければ拡張できないので注意してください。

　ここで紹介した2つのパラメータについてさらに知りたい方は、以下のURLを参照してください。

・https://man7.org/linux/man-pages/man7/lvmthin.7.html

7.3.3　thin LV のスナップショット

　thin LVは通常のLVと同様にスナップショットを採取できます。以下はtestthin1のスナップショット、testthinsnap1を採取する例です。

```
$ sudo lvcreate --snapshot -n testthinsnap1 testvg/testthin1
〜省略〜
  Logical volume "testthinsnap1" created.

$ sudo lvs
  LV              VG      Attr       LSize    Pool      Origin    Data%  Meta% ⏎
Move Log Cpy%Sync Convert
  testpool        testvg  twi-aotz-- 500.00m                     20.00  11.72
  testthin1       testvg  Vwi-a-tz-- 100.00m testpool            100.00
  testthin2       testvg  Vwi-a-tz--   1.00t testpool            0.00
  testthinsnap1   testvg  Vwi---tz-k 100.00m testpool  testthin1
```

※誌面の都合上、⏎で改行しています。

　スナップショット領域のサイズを指定しなくてもよいことに注目してください。thin LVのスナップショットにはスナップショット領域という概念はなく、CoW時にはthin poolにデータが書き込まれます。

thin LVのスナップショットはLVのスナップショットと同様、単独のブロックデバイスとして使えますし、もとのボリュームをスナップショットで置き換えることもできます。ただしthin LVは通常のLVとは違って作成直後にはデバイスファイル（/dev/testvg/testthinsnap1）が存在しないため、使用時には以下のコマンドによってアクティブ化という操作をしなくてはいけません。

```
$ ls -l /dev/testvg/testthinsnap1
ls: cannot access '/dev/testvg/testthinsnap1': No such file or directory

$ sudo lvchange -ay -K testvg/testthinsnap1

$ ls -l /dev/testvg/testthinsnap1
lrwxrwxrwx 1 root root 7 Oct 30 07:43 /dev/testvg/testthinsnap1 -> ../dm-6
```

普通のLVのスナップショットは、数が増えれば増えるほどCoW時に大きな性能ペナルティがありますが、thin LVのスナップショットにおいてはこのペナルティが大幅に緩和されています。大きな理由はCoWにおいて前者は全スナップショットに古いデータを書き込まなくてはいけないのに対して、後者はそのようなことをしなくて済むからです。thin LVがスナップショットとデータを共有している領域にデータを書き込むと、thin pool上の新しい領域にデータを書き込んでthin LVはそこを新たに参照するようになるだけで、もともと存在していたデータ、およびそれを参照するスナップショットには特別な操作をしません（図7.17）。

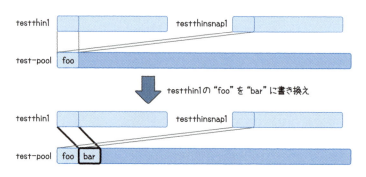

図7.17　スナップショットが存在するthin LVへの書き込み

7.3.4　thin LVとデバイスマッパ

thin LVも普通のLVと同様、デバイスマッパを使って実装されています。仕組みが

複雑なので細かく説明はしませんが、thin poolとthin LVがどのような種類のターゲットを使っているのかを見てみましょう。

```
$ sudo dmsetup table
testvg-testpool: 0 1024000 linear 253:2 0     # ……❶
testvg-testpool-tpool: 0 1024000 thin-pool 253:0 253:1 128 0 0     # ……❷
testvg-testpool_tdata: 0 1024000 linear 7:0 10240     # ……❸
testvg-testpool_tmeta: 0 8192 linear 7:2 2048     # ……❹
testvg-testthin1: 0 204800 thin 253:2 1     # ……❺
testvg-testthin2: 0 2147483648 thin 253:2 2     # ……❻
testvg-testthinsnap1: 0 204800 thin 253:2 3     # ……❼
```

複雑なのでテーブルの概略を図7.18にまとめます。

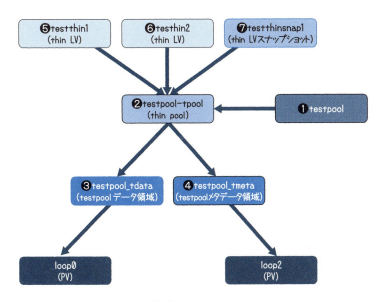

図7.18　thin LV、thin poolのDevice Mapper上の姿

❶がlvcreateコマンドなどによって参照するtestpoolターゲットです（VG名を示す「testvg-」の部分は省略しています）。これは管理上存在するもので、本体はこのターゲットのマップ先である、❷のtestpool-tpoolターゲットです。testpool-tpoolターゲットの種類はthin-poolであり、この種類のターゲットはデータ領域とメタデータ領域となるターゲットをそれぞれ指定します。testpool-tpoolはデータ領域として❸のtestpool_tdata（デバイス名は253:1）を、メタデータ領域として❹のtestvg_testpool_tmeta（デバイス名は253:0）を指定しています。❸と❹はthin LVを作ると

きにLVMが内部的に使うためのものなので、ユーザがこれらを直接使うことはありません。

❺〜❼は、これまでに作ってきたthin LVと、そのスナップショットです。通常のLVはターゲットの種類がlinearでしたが、これらはターゲットの種類はthinであることがわかります。また、それぞれテーブル上で、データ確保先としてtestpool-tpool（デバイス番号は253:2）を参照していることがわかります。

7.4 | 普通の LV と thin LV の比較

これまでに述べた普通のLVとthin LVの特徴をまとめます。

- 普通のLV
  - ストレージ使用量が使用時に決まる
  - スナップショットが存在しているときに書き込み性能が大きく落ちることがある
  - スナップショット領域の見積もりが難しい
- thin LV
  - ストレージ領域は初回書き込み時に動的に確保する。容量使用効率がよい半面、ランダムアクセスが多いとデータの断片化が発生して性能が劣化する傾向にある[1]
  - スナップショットが存在しているときの書き込み性能ペナルティが少ない
  - thin poolの容量監視の必要があるなど、運用が難しくなる

どちらも一長一短あるので、両方を用途に応じて使い分けるとよいでしょう。

```
$ sudo vgremove testvg
Do you really want to remove volume group "testvg" containing 4 logical ⏎
volumes? [y/n]: y
〜省略〜

$ sudo pvremove /dev/loop{0,1,2}
  Labels on physical volume "/dev/loop0" successfully wiped.
〜省略〜
```

※誌面の都合上、⏎で改行しています。

※1：この問題を避けるために、lvcreateでthin LVを作成する際に-Lパラメータも渡して、最初から領域を予約しておくという手段もとることもあります。

第 8 章

ネットワーク

ネットワークは今日では必須の機能です。Webページの参照や、SNS、電子決済などを行うためにはネットワークが不可欠であり、TVやゲーム機、車すらもネットワークにつながります。Linuxカーネルにおいてもネットワークは非常に重要なコンポーネントであり、その理解にはネットワークの知識も必須です。

本章では、世の中で一般的に使われているインターネット・プロトコル（IP）と、イーサネットにおける動作を説明します。また、Linuxカーネルで注目されているXDPについても解説します。

8.1 ネットワークの仕組み

外部ネットワークとの接点となるハードウェアは**NIC**（Network Interface Card）と呼ばれます。Linuxカーネルにおけるネットワーク機能は、そのNICを制御する**NICドライバ**、NICから受信したデータの処理を行い、また送受信のためのパケット処理を行う**プロトコル**、ユーザアプリケーションプログラムとデータのやりとりを行う**ソケットインタフェース**からなります。

8.1.1 リンク層

NICに外部から**イーサフレーム**[※1]が到着すると割り込みが発生し、割り込みが発生するとNICドライバが動作します。ドライバはデバイスからDMAでイーサフレームを取得し、ネットワーク層に渡します。

図8.1で示すように、リンク層ではイーサフレームのEtherヘッダを解析して、Etherヘッダ以外のデータ（**ペイロード**）部分を上のネットワーク層に渡します。

8.1.2 ネットワーク層

ネットワーク層では、IPヘッダに含まれるIPアドレスでルーティング[※2]を行い、マシン間の通信をサポートします。

ルーティング情報は`ip route`コマンドや`route`コマンドで確認できます。

※1：ネットワーク上に流れるデータ（フレームとも呼ばれる）のことです。
※2：ルータやスイッチも含め、宛先への経路を決定することです。

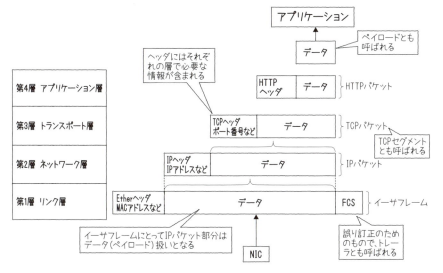

図8.1　TCP/IPスタックとデータの流れ

8.1.3　トランスポート層

　トランスポート層では、TCP、UDPなどのプロトコルにより処理を行います。ネットワーク層からデータが引き継がれたということは、マシン間の通信まではできているので、その上の役割を担います。

　TCP（Transmission Control Protocol）は、コネクション指向で信頼性の高い通信ができるプロトコルです。コネクション指向とは、データ通信の前にお互いに情報を送り合ってコネクションを確立することであり、コネクションが確立して互いに通信できる状態になってからデータ通信を実施します。

　通信時には、TCPパケットを受信するとACKと呼ばれる確認応答のパケットを返します。ACKによりパケットをどこまで受信したかを送信側に伝え、送信側は受信されていないパケットから送信できます。

　TCPでは相手に大量のパケットを送り続けることはしません。相手の受信できるパケットサイズに応じて送信パケット数を制御しています。受信できるパケットサイズというのはACKに含まれるウィンドウサイズで示されます。

　TCPには他にも、チェックサムによるパケットのエラーチェック、パケット順制御、輻輳制御などの機能があります。一般的にデータを正しく、確実に通信したい場合にTCPを採用します[3]。

※3：コネクション確立、ACK、ウィンドウサイズについては8.4節も参照

一方、**UDP**（User Datagram Protocol）は、コネクションを確立しなくても相手に
パケットを送信できます（コネクションレス）。そのためUDPは、TCPのような制御
機能がないシンプルなプロトコルだといえます。UDPにはACKもないので相手に届い
たかどうかは不明なのですが、こうした特徴から音声や映像などリアルタイム性のあ
るデータ通信によく使われます。

　TCPもUDPも、ヘッダにはポート番号が含まれます。このポート番号からアプリケ
ーション層のプロトコルを識別します。

8.1.4　アプリケーション層

　アプリケーション層はカーネルではなくユーザ空間に位置する、SSHやHTTPなど
さらに細分化されたプロトコルの処理です。他に、時刻を設定するNTP、自動でIPア
ドレスを設定するDHCP、名前解決をするDNSなど、多くのプロトコルがあります。

Column

プロトコル仕様は厳格に決まっている

　これらIPやTCPなどのプロトコルは、IETF（Internet Engineering Task Force）が発行
するRFC（Requests For Comments）という文書で仕様が記述されており、パケットの
構成や処理などが、厳格に決められています。

　そのためLinuxとWindowsなど異なるOS間でも通信ができ、サーバ／クライアント
の間にスイッチがあっても通信ができるのです。

8.2 ソケットインタフェース

Linuxカーネルにはソケット[※4]という仕組みがあります。ネットワーク通信をするにはこのソケットを作成し、ソケット経由でデータを送受信します。

例えば、`socket()`システムコールでソケットを作成し、`bind()`システムコールでポート番号やIPアドレスを設定します。これにより、カーネルはユーザ空間のアプリケーションがどのような通信をしようとしているかや、どのパケットをどのソケットに渡してユーザ空間と受け渡しをすればよいかを把握できます。

データの送受信には`send()`/`recv()`や、`read()`/`write()`などのシステムコールを使用します。

Webブラウザを例に、ソケットも含めたLinuxのネットワーク構造を示します（図8.2）。

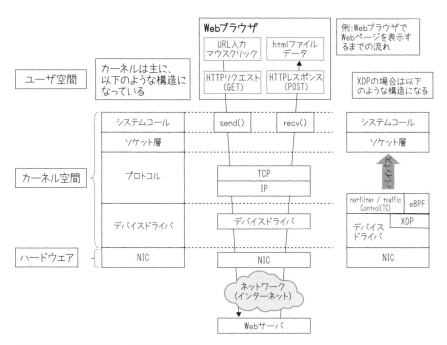

図8.2 ソケットを含めたLinuxのネットワーク構造

図内左側がシンプルな構成ですが、後述のXDPを含めると右側のような構成になります。

※4：トランスポート層とアプリケーションの間に存在するインタフェースであり、ユーザプログラムとカーネルとのAPIになっています。

8.3 ネットワークインタフェース

　ここでネットワークインタフェースについて説明しておきましょう。ネットワークインタフェースは少し特殊であり、/dev配下にeth0などのファイルが存在するのではなく、カーネルの内部で管理されています。

　ipコマンドを使うことでネットワークの情報を取得／設定できます[5]。IP関連の情報を得るにはip addr showコマンドを実行します。

　実行すると、カーネルが認識しているネットワークインタフェースと、そのネットワークインタフェースにひも付けられたアドレス情報が出力されます。

```
$ ip addr show
1: lo: <LOOPBACK,UP,LOWER_UP> mtu 65536 qdisc noqueue state UNKNOWN group ⏎
default qlen 1000
    link/loopback 00:00:00:00:00:00 brd 00:00:00:00:00:00
    inet 127.0.0.1/8 scope host lo
       valid_lft forever preferred_lft forever
    inet6 ::1/128 scope host
       valid_lft forever preferred_lft forever
2: ens3: <BROADCAST,MULTICAST,UP,LOWER_UP> mtu 1500 qdisc fq_codel state UP ⏎
group default qlen 1000
    link/ether 52:54:00:00:01:00 brd ff:ff:ff:ff:ff:ff
    inet 10.0.2.15/24 brd 10.0.2.255 scope global dynamic ens3
       valid_lft 19532sec preferred_lft 19532sec
    inet6 fec0::5054:ff:fe00:100/64 scope site dynamic mngtmpaddr noprefixroute
       valid_lft 86344sec preferred_lft 14344sec
    inet6 fe80::5054:ff:fe00:100/64 scope link
       valid_lft forever preferred_lft forever
```

※誌面の都合上、⏎で改行しています。

　loは、ループバックデバイスという自分自身を示す仮想デバイスです（図8.3）。loに対するNICはありません。慣習的に、そのIPアドレスには127.0.0.1が使われます。これはループバックアドレスと呼ばれ、RFC 1122で定義されています。またホスト名としては、/etc/hostsでlocalhostとして設定されているのが一般的です。なお、loに対する送受信データはネットワークに流れず、ネットワーク層で折り返します。

※5：同様の機能を持つifconfigコマンドは古い実装であり、非推奨となっています。

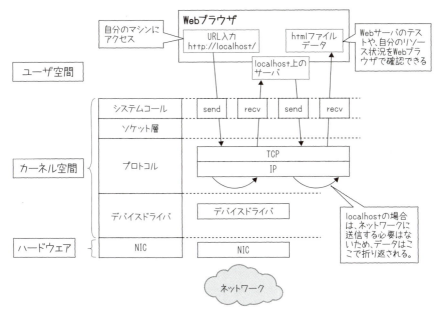

図8.3　ループバックデバイス

　ループバックデバイスは動作確認などで利用されています。例えば、Apacheのような Web サーバを起動して`http://localhost`にアクセスすると、Webページの確認ができます。マシンのリソース状況をWebブラウザで確認できるリソース監視サーバも同様です。`localhost`で自分自信のリソースを確認できます。

　ens3はネットワークインタフェースの名前です。以前はeth0、eth1と命名されていましたが、最近のバージョンのカーネルではユーザ空間でens3やenp2s0のような名前に変更されています。

　ens3のenはイーサネットを示します。sはPCI Expressホットプラグスロットを示し、その後の3はインデックス番号です。名前がenp2s0だった場合は、p2はPCIバス番号、s0はスロット0を示します。USB Etherの場合はenp0s20f0u7のような名前になります。f0はPCIのファンクション番号、u7はUSBポート番号です。

　`lspci`コマンドにより、p0、s20、f0が確認できます。対象の箇所にはIntel USB 3.1のxHCI（USBホストコントローラ）が接続されています。

```
$ lspci
00:14.0 USB controller [0c03]: Intel Corporation Cannon Lake PCH USB 3.1 ⏎
xHCI Host Controller [8086:a36d] (rev 10)
^^ ^^ ^
 |  | ファンクション番号
 |  スロット番号（10進数で20）
バス番号
```

※誌面の都合上、⏎で改行しています。

　このxHCIにはUSBポートがいくつかあり、ポート7にUSB Etherが接続されています。これはlsusbコマンドで確認できます。

```
$ lsusb
/:  Bus 01.Port 1: Dev 1, Class=root_hub, Driver=xhci_hcd/16p, 480M
[...]
    |__ Port 7: Dev 5, If 0, Class=Vendor Specific Class, Driver=asix, 480M
         ^^ ポート番号
```

　ネットワークインタフェースの命名規則について詳細は以下のURLを参照してください。

・https://man7.org/linux/man-pages/man7/systemd.net-naming-scheme.7.html

　インタフェース名ens3のあとに<BROADCAST,MULTICAST,UP,LOWER_UP>とありますが、これはデバイスフラグと呼ばれるデバイスの種別や状態を表すものです。

　ens3はUPとあるので、デバイスは起動されており使用可能な状態ですが、RUNNINGではないため通信はしていません。LANケーブルで接続されると、通信できる状態であるRUNNINGが表示されます。ただしLANケーブルを接続しただけではRUNNINGにはならないときがあります。例えばLANケーブルで直接対向マシンに接続していても、その対向マシンの電源がOFFの場合は、電源をONにしないとRUNNINGにはなりません。

　デバイスフラグについての詳細は以下のURLを参照してください。

・https://man7.org/linux/man-pages/man7/netdevice.7.html

8.4 Wireshark

パケットの中身やパケット通信の様子を実際に見ると、その仕組みについての理解が深まります。Linuxにはtcpdumpコマンドやtsharkコマンドがあり、テキストベースでネットワークトラフィックを解析できますが、最初はGUIの**Wireshark**がよいでしょう。ここではncコマンドでTCPとUDPの通信をしてみます。

まずはwiresharkコマンドを実行し、サーバ/クライアント間の通信をキャプチャするようにします。次にサーバ側で以下を実行します。

```
$ nc -l 12345
test1  // この行はクライアント側で入力すると、出力される
test2
test3
test4
```

そしてクライアント側で以下を入力します。

```
$ nc -t 10.2.3.18 12345
test1  // キーボードで入力
test2
test3
test4
```

このときのWiresharkの表示を図8.5に示します。ここではフィルタにtcp.port==12345を設定し、TCPのポート番号12345との通信だけ表示するようにしています。

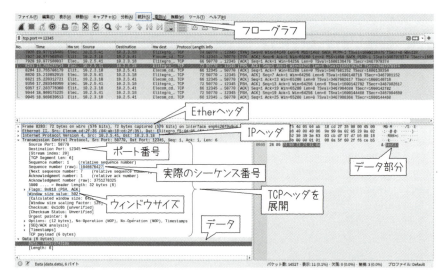

図8.4 WiresharkでTCPパケットを確認する

　図8.4ではTCPヘッダを展開して表示しています。ここで注意してほしいのはシーケンス番号です。実際のパケットのシーケンス番号は1ではありません。シーケンス番号の開始はランダムな値が設定されます（実際のシーケンス番号は下にあるrawの値です）が、Wiresharkは見やすいように1に変換してくれます。

　また、TCPヘッダにはポート番号が含まれています。このポート番号でncコマンドのプロセスにパケットを渡されます。IPヘッダを見たいときにはIPヘッダを展開します。パケットのバイト列も表示されます。この中にtest1とありますが、これはまさにncコマンドに入力した文字列です。

　Wiresharkではパケットのフローグラフも表示できます。統計からフローグラフを選択すると、図8.5のようなウィンドウが出力されます。

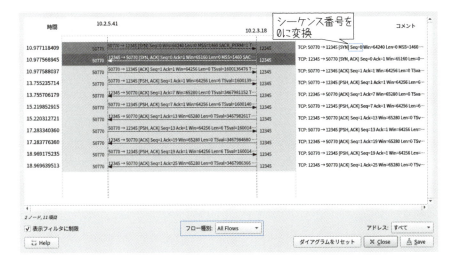

図8.5 TCPパケットのフローグラフを確認する

パケットの通信フローが可視化されるので、解析しやすくなります。フロー種別を変更するとTCPのフローが確認できます（図8.6）。

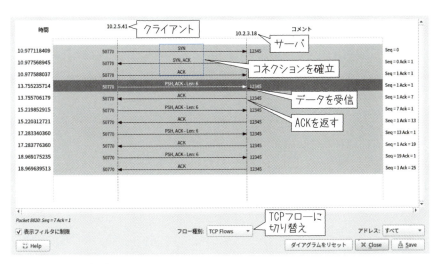

図8.6 TCPフローを確認する

最初のSYNとACKのやりとりを3ウェイハンドシェイクと呼び、コネクションを確立しています。その後にクライアント側からデータを送信し、サーバからはACKが返

っています。

今度はncコマンドの-uオプションでUDPを使った通信をしてみます。サーバ側で以下を実行します。

```
$ nc -ul 12345
test1
test2
test3
test4
```

クライアント側で以下を入力します。

```
$ nc -u 10.2.3.18 12345
test1
test2
test3
test4
```

このときのWiresharkの表示ウィンドウを図8.7に示します。UDPの場合はコネクション確立がありません。test1〜test4の4つのパケットだけです。また、ここではIPヘッダも展開して表示しました。IPヘッダにはIPアドレスと上位プロトコル（UDP）が含まれています。

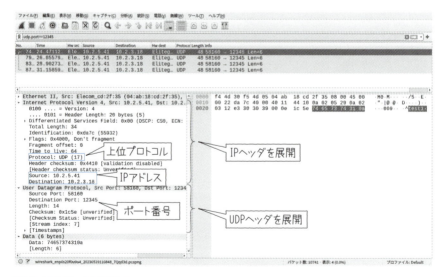

図8.7　UDPパケットを確認する

パケットの通信フローは図8.8のようになります。

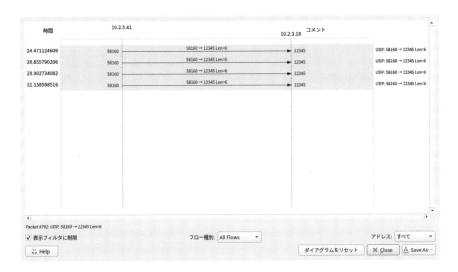

図8.8 UDPパケットのフローを確認する

8.5 XDP

8.5.1 XDPとは？

XDP（eXpress Data Path）は、eBPF（extended Berkeley Packet Filter）を活用してカーネルネットワークスタックをバイパスすることにより、パケット処理のプロトコル関連のオーバーヘッドを削減し、低レイテンシかつ高速なパケット処理を可能とする機能です。この機能はLinux 4.8で実装されました。さらに、Linux 4.18からは、ユーザ空間アプリケーションがAF_XDPソケットでパケットを受信する機能が実装され、ユーザ空間での高速パケット処理が可能になりました。

XDPは特定パケットのフィルタリング、リライト、負荷分散、DDoS攻撃の検出と防御、ネットワークパフォーマンスの向上など、さまざまなユースケースで利用されています。以下はXDPを活用したOSSプロジェクトの例です。

- Cilium（https://cilium.io/）：ネットワーク、オブザーバビリティやセキュリティ機能
- Calico（https://sysdig.com/blog/denial-of-service-kubernetes-calico-falco/）：ネットワーク、セキュリティ機能
- Suricata（https://github.com/OISF/suricata）：IDS（Intrusion Detection System）
- Katran（https://github.com/facebookincubator/katran）：L4ロードバランサー
- DPDK（https://www.dpdk.org/）：高速パケット処理フレームワーク（XDP Poll Mode Driver）
- Open vSwitch（https://www.openvswitch.org/）：ソフトウェア仮想スイッチ

8.5.2 XDP の特徴

高速・低レイテンシのパケット処理

XDPは、ネットワークドライバとeBPFが連携し、カーネル空間およびユーザ空間で効率的なパケット処理を実現します。パケット処理はカーネルネットワークスタックをバイパスするため、ネットワーク処理のレイテンシが軽減され、パケット処理性能が大幅に向上します。

パケット処理の拡張性

XDPは、ネットワークドライバにアタッチされたeBPFを利用してカーネルレベルでの高速で柔軟なパケット処理を可能にします。これにより、パケットのフィルタリング、変換、ルーティングなどのカスタム処理を容易に実装できます。ただし、eBPFは安全性の観点から限定的な操作しか許されていないため、プログラミングには制約があります。なお、ユーザ空間でパケットを処理する場合は、eBPFのようなプログラミングの制約はありません。

学習コストが高い

XDPは、一般的なユーザ空間のネットワーキングプログラミングとは異なるアプローチを取っています。XDPプログラムを作成するためには、カーネルの低レイヤ部とeBPFの知識、ネットワーキングの内部構造に関する理解が必要です。

ネットワークドライバのXDPサポート

XDPは、NICのパフォーマンスを最大限に引き出すことができますが、すべてのネットワークドライバでXDPの機能をフルに利用できるわけではありません。ネットワークドライバがXDPの機能をフルにサポートしていない場合、パフォーマンスの向上や利用可能なXDPの機能は限定的になる可能性があります。

8.5.3 XDP のパケット制御

XDPのパケット制御を説明するために、XDPのアーキテクチャを図8.9に示します。

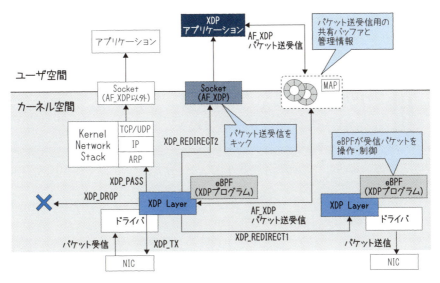

図8.9　XDPアーキテクチャ

eBPF（XDPプログラム）は、受信パケットに対して必要な処理や判断を行ったあと、カーネルがパケットに対して取るべきアクションをリターン値として返します。ただし、これらリターン値がすべてのネットワークドライバで利用可能とは限らないことに注意してください。

リターン値	説明
XDP_PASS	カーネルネットワークスタックでパケットを処理する
XDP_DROP	パケットを破棄する
XDP_ABORTED	パケット処理のエラーを示し、パケットを破棄する
XDP_TX	受信パケットと同一ネットワークインタフェースからパケットを送信する
XDP_REDIRECT1	XDPプログラムで指定されたネットワークインタフェースにパケットを転送する
XDP_REDIRECT2	ユーザ空間アプリケーションがAF_XDP経由でパケットを受信するアクション 1. 受信パケットデータは、カーネル空間とユーザ空間の共有バッファに書き込まれる 2. XDP Layerは、AF_XDPソケット経由でユーザ空間アプリケーションに受信パケットが存在することを通知する 3. ユーザ空間アプリケーションは、共有バッファの受信パケットデータに対して処理を行う

> **Column**
>
> ### AF_XDPのパケット送信フロー
>
> AF_XDPのパケット送信処理は、以下の流れで行われます。その際、eBPF（XDPプログラム）は使用されません。
>
> 1. ユーザ空間アプリケーションが、送信パケットデータをカーネル空間とユーザ空間の共有バッファに書き込みを行う
> 2. ユーザ空間アプリケーションが、AF_XDPソケット経由で送信処理を行う
> 3. Driverが、共有バッファに書き込まれたパケットを送信する

8.5.4 XDP の動作モード

XDPには以下3つの動作モードがあります。

Generic（SKB）モード

Genericモードは、XDPに対応していないネットワークドライバでもXDPプログラムを利用することが可能な動作モードです。このモードでのXDPプログラムは、標準のネットワークパスの一部としてカーネルに組み込まれ、パケットはソケットバッファ（SKB）を介して処理されます。このため、XDPの動作モードの中で最も処理性能

が低く、主にXDPプログラムの開発やデバッグに用いられます。

Nativeモード

Nativeモードは、XDPをサポートするネットワークドライバで利用可能な動作モードです。このモードでは、ネットワークドライバが直接XDPプログラムを実行するため、最小限のレイテンシで高速なパケット処理が可能になり、NICの処理性能を最大限に引き出すことができます。イーサネットの最小フレームサイズ（64バイト）をワイヤースピードで処理することが可能なモードです。

Offloadedモード

Offloadedモードは、XDPプログラムをホストのCPUではなく、NICのハードウェアで処理するモードです。NICがオフロード機能をサポートしている必要があります。Offloadedモードについては、本節では扱いません。

8.5.5 XDP Native モードにおける AF_XDP の動作モード

NativeモードでAF_XDPを利用する場合、copyモードとzero-copyモードが選択可能です。

copyモード

copyモードは、Nativeモードをサポートしたネットワークドライバであれば利用可能です。受信パケットはネットワークドライバでネイティブに処理されますが、ユーザ空間アプリケーションがパケットを処理するためのデータコピー処理が発生します。

zero-copyモード

zero-copyモードは、カーネル空間とユーザ空間の共有バッファにパケットを受信するので、copyモードのようなデータコピー処理は発生しません。ユーザ空間アプリケーションは、受信パケットを直接処理できるため、高速にパケットを処理することが可能です。ただし、zero-copyモードをサポートするネットワークドライバは限定的であることに注意してください。

8.5.6 XDP 関連コマンド

XDPを扱うためのコマンドと具体的な実行例を紹介します。コマンドの出力例は、Red Hat系Linux 9.3で実行した結果です。

xdp-toolsパッケージ

xdp-toolsは、XDP関連のコマンドを収録したパッケージです。各コマンドはlibxdpライブラリに依存しています。本書執筆時点で、xdp-toolsパッケージはRed Hat Linux Enterprise 9および互換ディストリビューション、Ubuntu 23.04以上などで提供されています。なお、Red Hat Linux Enterprise 8では、XDPはTechnical Previewです。

以下は、xdp-tools-1.4.0-1.el9.x86_64で利用可能なコマンドの一覧です。

コマンド名	機能
xdp-bench	XDPのベンチマークツール
xdp-filter	XDPを利用したパケットフィルタリングツール
xdp-loader	XDPプログラムローダ
xdp-monitor	XDP関連のさまざまな統計やイベントを監視するツール
xdpdump	XDP専用パケットキャプチャツール
xdp-trafficgen	XDPを利用したパケットジェネレーター

本書ではxdp-loaderコマンドとxdpdumpコマンドの実行例を示します。

xdp-loaderコマンド

xdp-loaderは、ネットワークインタフェースにXDPプログラムをロード／アンロードするコマンドです。このコマンドは、同一のネットワークインタフェースに複数のXDPプログラムをアタッチできます。

例として、xsk_fwd_kern.oに含まれるXDPプログラムをネットワークインタフェースenp5s0f0にロードするケースを示します。xsk_fwd_kern.oはXDPプログラムをビルドしたeBPFオブジェクトファイルです。

```
$ sudo xdp-loader load enp5s0f0 xsk_fwd_kern.o
```

178

また、XDPプログラムロード状況確認の例として、ネットワークインタフェースにロードされたXDPプログラムを表示してみます。この例では、ネットワークインタフェース**enp5s0f0**にXDPプログラム**xdp_sock_prog**がロードされていることを示しています。

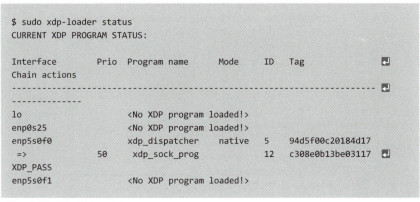

※誌面の都合上、⏎で改行しています。

さらに、アンロードの例として、ネットワークインタフェース**enp5s0f0**からID番号12のXDPプログラム**xdp_sock_prog**をアンロードしてみます。特定のXDPプログラムをアンロードする場合はID番号を、すべてのXDPプログラムをアンロードする場合は**--all**オプションを指定します。

```
$ sudo xdp-loader unload -i 12 enp5s0f0
```

xdpdumpコマンド

xdpdumpは、XDPで処理されたパケットをキャプチャするコマンドです。XDPで処理されたパケットはtcpdumpコマンドでキャプチャできないため、このxdpdumpコマンドを使用する必要があります。ただし、xdpdumpコマンドはパケットのフィルタリングやデコード機能を持っていないため、これらの処理が必要な場合、xdpdumpから出力されるpcapフォーマットのデータをtcpdumpコマンドなどで処理してください。

```
$ sudo xdpdump -i enp5s0f0 -x
listening on enp5s0f0, ingress XDP program ID 16 func xdp_sock_prog, ⏎
capture mode entry, capture size 262144 bytes
1686230895.382315750: xdp_sock_prog()@entry: packet size 98 bytes, ⏎
captured 98 bytes on if_index 3, rx queue 0, id 1
  0x0000: a0 36 9f ** ** ** a0 36 9f ** ** ** 08 00 45 00   .6.***.6.***..E.
  0x0010: 00 54 1e 97 40 00 40 01 c3 ee ac 10 00 01 ac 10   .T..@.@.........
  0x0020: 00 02 08 00 af a5 00 05 00 01 70 d7 81 64 00 00   ..........p..d..
  0x0030: 00 00 92 45 05 00 00 00 00 00 10 11 12 13 14 15   ...E............
  0x0040: 16 17 18 19 1a 1b 1c 1d 1e 1f 20 21 22 23 24 25   .......... !"#$%
  0x0050: 26 27 28 29 2a 2b 2c 2d 2e 2f 30 31 32 33 34 35   &'()*+,-./012345
  0x0060: 36 37                                             67
^C
1 packets captured
0 packets dropped by perf ring
```

※誌面の都合上、⏎で改行しています。

8.5.7 ethtool コマンド

ethtoolは、ネットワークインタフェースを設定・管理する多機能なコマンドです。
XDPでは、XDP統計情報の表示、ネットワークインタフェースのキューの設定・表示
などで利用します。

XDP統計情報の表示

XDP統計情報をサポートしたネットワークドライバでは、ethtool -SでXDP統計
情報を出力することができます。以下はvethドライバでの出力例です。例えばrx_
queue_0_xdp_redirects: 388はキュー0におけるXDP_REDIRECTの実行回数が388
回であることを示しています。このような情報は、XDPプログラムのデバッグやパフ
ォーマンスのチューニングに有用です。

```
$ ethtool -S enp1s0
NIC statistics:
     rx_queue_0_packets: 745733
     rx_queue_0_bytes: 2782036015
     rx_queue_0_drops: 0
     rx_queue_0_xdp_packets: 783
     rx_queue_0_xdp_tx: 0
     rx_queue_0_xdp_redirects: 388
     rx_queue_0_xdp_drops: 0
     rx_queue_0_kicks: 17
     tx_queue_0_packets: 372891
     tx_queue_0_bytes: 32554407
     tx_queue_0_xdp_tx: 0
     tx_queue_0_xdp_tx_drops: 0
     tx_queue_0_kicks: 370762
     tx_queue_0_tx_timeouts: 0
```

ネットワークインタフェースのキュー設定表示

　ネットワークインタフェースenp5s0f0は、Current hardware settings:の
Combined:の値から8個のキューが使用可能であることを示しています。使用できる
キューの数は、NICの使用可能最大キュー数とサーバ搭載CPU数のうち、小さい方の
値によって制限される点に注意してください。

```
$ ethtool -l enp5s0f0
Channel parameters for enp5s0f0:
Pre-set maximums:
RX:             n/a
TX:             n/a
Other:          1
Combined:       8
Current hardware settings:
RX:             n/a
TX:             n/a
Other:          1
Combined:       8
```

ネットワークインタフェースのキュー数の調整

　AF_XDPで複数キューを利用する場合、AF_XDPの待ち受けキューにすべての受信
パケットが配信されるよう、ネットワークインタフェースのキュー数をAF_XDP待ち
受けキュー数以下にする必要があります。例えば、AF_XDPの待ち受けキュー数が1
個の場合、以下に示す例のとおり、ネットワークインタフェースのキュー数を1個に
制限します。

```
$ sudo ethtool -L enp1s0 combined 1
$ ethtool -l enp5s0f0
Channel parameters for enp5s0f0:
Pre-set maximums:
RX:             n/a
TX:             n/a
Other:          1
Combined:       8
Current hardware settings:
RX:             n/a
TX:             n/a
Other:          1
Combined:       1  ← "combined 1"はここに反映される
```

8.5.8 bpftool コマンド

bpftoolは、eBPFプログラムやマップの操作、検査、デバッグ、およびトラブル
シューティングなどさまざまな用途で使用されるコマンドです。bpftoolコマンド
は、xdp-toolsパッケージが提供されていないディストリビューションでも利用可能
です。

XDPプログラムのロード

bpftoolコマンドでもXDPプログラムのロードができます。eBPFオブジェクトフ
ァイルxdpsock_kern.oに含まれるXDPプログラムをカーネルにロードする例です。
以下の例では、XDPプログラムがアンロードされないよう/sys/fs/bpf/xdp_sockに
ピン留めしています。

```
$ sudo bpftool prog load ./xdpsock_kern.o /sys/fs/bpf/xdp_sock type xdp
```

XDPプログラムのアンロード

XDPプログラムをピン留めしているファイル/sys/fs/bpf/xdp_sockを削除して
XDPプログラムをカーネルからアンロードする例を次に示します。

```
$ sudo rm /sys/fs/bpf/xdp_sock
```

XDPプログラムのロード状況確認

カーネルにロードされたXDPプログラムの一覧を表示します。この例では、カーネ
ルにXDPプログラムxdp_sock_progがロードされていることを示してます。

```
$ sudo bpftool prog list
...省略...
195: xdp  name xdp_sock_prog  tag c413a3eaacaf64a6
        loaded_at 2024-01-21T21:58:51+0900  uid 0
        xlated 136B  jited 82B  memlock 4096B  map_ids 88,86
        btf_id 332
```

XDPプログラムのアタッチ

ネットワークインタフェース**enp5s0f0**にID番号195のXDPプログラムをアタッチする例です。XDPプログラムのID番号は**bpftool prog list**で確認します。

```
$ sudo bpftool net attach xdp id 195 dev enp5s0f0
```

XDPプログラムのデタッチ

次は、ネットワークインタフェース**enp5s0f0**からXDPプログラムをデタッチする例です。

```
$ sudo bpftool net detach xdp dev enp5s0f0
```

8.5.9 ipコマンド

ipコマンドは、ネットワークインタフェースの管理や、IPアドレスの設定などのネットワーク関連のタスクを行うための多機能なツールですが、XDPプログラムをネットワークインタフェースにアタッチ、およびデタッチする用途でも使用できます。ipコマンドは、xdp-toolsが提供されていないディストリビューションでも利用可能です。

XDPプログラムのアタッチ

ネットワークインタフェース**enp5s0f0**にeBPFオブジェクトファイル**xdpsock_kern.o**の**xdp_sock**セクションに存在するXDPプログラムをアタッチする例です。XDPプログラムは自動的にロードされます。

```
$ sudo ip link set dev enp5s0f0 xdpdrv object xdpsock_kern.o section xdp_sock
```

XDPプログラムアタッチ状況確認

ネットワークインタフェースのIPアドレスを表示するオプションにより、XDPプロ

グラムのアタッチ状況を確認します。この例の**xdp/id:133**は、ネットワークインタフェース**enp5s0f0**にXDPプログラムがアタッチされていることを示しています。

```
$ ip a show dev enp5s0f0
3: enp5s0f0: <NO-CARRIER,BROADCAST,MULTICAST,UP> mtu 1500 xdp/id:133 qdisc ⏎
mq state DOWN group default qlen 1000
    link/ether a0:36:9f:**:**:** brd ff:ff:ff:ff:ff:ff
    inet 172.16.0.2/16 brd 172.16.255.255 scope global noprefixroute enp5s0f0
        valid_lft forever preferred_lft forever
```

※誌面の都合上、⏎で改行しています。

XDPプログラムのデタッチ

ネットワークインタフェース**enp5s0f0**からXDPプログラムをデタッチする例です。XDPプログラムは自動的にアンロードされます。

```
$ sudo ip link set dev enp5s0f0 xdp off
```

8.6 ‖ XDP プログラム開発

ここからは、XDP対応アプリケーションを開発するためのライブラリ、およびXDPのサンプルプログラムを提供しているプロジェクトを紹介します。

8.6.1 XDP ライブラリ

libbpf

・https://github.com/libbpf/libbpf

libbpfは、eBPFを扱うためのC言語ライブラリです。

libbpf v1.0未満では、libbpfライブラリでXDPプログラムを開発します。libbpf v1.0からはXDP関連のAPIがlibxdpライブラリに移行されたため、libbpf v1.0以上でXDPプログラムを開発する場合はlibxdpライブラリが必要です。

libxdp

・https://github.com/xdp-project/xdp-tools

libxdpは、XDPプログラムの操作（アタッチ、デタッチなど）とAF_XDPを利用するためのライブラリです。1つのネットワークインタフェースに複数のXDPプログラムを順番にロードする機能をサポートします。libxdpは、Red Hat Enterprise Linux 9および互換ディストリビューション、Ubuntu 23.04以上などで利用可能です。

8.6.2 サンプルプログラム

　The XDP Collaboration Projectが提供する「xdp-tutorial」と「bpf-example」プロジェクトは、XDP入門者が容易にXDPアプリケーションをビルドできるように、libbpfおよびlibxdpライブラリとサンプルプログラムをセットで提供しています。これらプロジェクトで提供されるサンプルプログラムは、XDPを学ぶスタートポイントとして最適です。

xdp-tutorial

- https://github.com/xdp-project/xdp-tutorial

　XDPアプリケーションの開発に必要とされる基本的プログラミング方法を学習するためのチュートリアルを提供します。リポジトリをcloneしてビルドするだけでXDPアプリケーションを利用可能です。

bpf-example

- https://github.com/xdp-project/bpf-examples

　AF_XDPを使用したパケットフォワーディングなど、さまざまなユースケースを解決する実践的なXDPアプリケーションを提供します。リポジトリをcloneしてビルドするだけでXDPアプリケーションを利用可能です。

カーネルソース

- https://kernel.org

　Linuxカーネルのソースコードにも、さまざまなXDPサンプルプログラムが含まれています。ソースコードのディレクトリは samples/bpfです。ただし、XDPアプリケーションのビルドのためにLinuxカーネルソースコードを準備する必要があります。

その他XDPアプリケーション開発言語

XDPアプリケーションは、C言語以外でも開発可能です。開発に利用可能な言語と代表的なプロジェクトを以下に示します。XDPアプリケーションの開発方法については、各言語のドキュメントを参照してください。

- Go：eBPF-goプロジェクト（https://github.com/cilium/ebpf）
- Rust：Ayaプロジェクト（https://github.com/aya-rs/aya）
- Python／Lua／C++：BCC（BPF Compiler Collection）プロジェクト（https://github.com/iovisor/bcc）

8.7 ‖ Multipath TCP

本節では、Multipath TCPについて説明します。v5.6以降のLinuxカーネルでは、RFC 8684として、Multipath TCP（MPTCP）protocol v1機能が実装されています。

通常TCP通信は1つのセッション中には1つの通信経路しか利用できませんが、Multipath TCPを使うことにより複数のNICと複数の経路を持っているマシンにおいて、1つのTCPセッション内に複数の経路を持たせることができます。

Multipath TCPを用いてTCP通信に複数の経路を持たせることによって、以下のようなメリットが得られます。

- 接続の安定性向上
- 転送帯域の向上
- 耐障害性の向上

8.7.1 MPTCP 利用可否の確認

MPTCPを有効化するためには以下が必要になります。

- カーネルのCONFIGで有効化されている
- カーネルパラメータnet.mptcp.enabledで有効化されている

MPTCPが有効化されていて利用可能かどうかについては、sysctlを使い、net.mptcpを見ることで確認することができます。

ここではubuntu 22.04 LTSにおいて確認した結果を示します。

```
# sysctl -a | grep mptcp

net.mptcp.add_addr_timeout = 120
net.mptcp.allow_join_initial_addr_port = 1
net.mptcp.checksum_enabled = 0
net.mptcp.enabled = 1
net.mptcp.stale_loss_cnt = 4
```

8.7.2 テストプログラムで試してみる

実際にMPTCPを使ってみましょう。本節では小さなプログラムを用意してMPTCPを動作させてみます。なお、MPTCPを使うにはsocketシステムコールにて`IPPROTO_MPTCP`を指定する必要があります。

MPTCP動作のため、図8.10のような構成を用意しました。

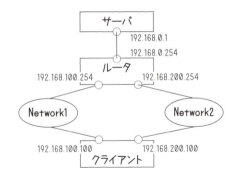

図8.10 複数ネットワーク経路を持つ構成

Network1は`192.168.100.0/24`のネットワーク、Network2は`192.168.200.0/24`のネットワークとなっています。またクライアントでは、Network1に接続されているNICに`IP192.168.100.100`が、Network2に接続されているNICには`IP192.168.200.100`が振られています。同様にサーバでは、Network1に接続されているNICに`IP192.168.100.200`が、Network2に接続されているNICには`IP192.168.200.200`が振られています。

まずは単純に`IPPROTO_MPTCP`を指定したプログラムを実行して、クライアントとサーバで通信を行います。

通常のTCPソケットは以下のように作成します。

```
sock = socket(PF_INET, SOCK_STREAM, IPPROTO_TCP);
```

MPTCPを利用したい場合は、以下のように`IPPROTO_TCP`の代わりに`IPPROTO_MPTCP`を指定します。

```
sock = socket(PF_INET, SOCK_STREAM, IPPROTO_MPTCP);
```

テスト用に用意したプログラムはクライアントに入力された文字列をサーバに送信し、サーバでは受信した文字列をそのままクライアントへ応答として送信するものになります。

それではサーバを起動しましょう。

```
SERVER $ ./server
```

続いて、サーバマシンのIPアドレスを引数としてクライアントを起動し、Network1の経路を使ってサーバとの通信を行います。

```
CLIENT $ ./client 192.168.100.200
connected
aaaaaaaa ←入力
aaaaaaaa →serverからの応答
bbbbbbbb ←入力
bbbbbbbb →serverからの応答
cccccccc ←入力
cccccccc →serverからの応答
```

以下がNetwork1でパケットキャプチャした結果です。

```
00:49:17.922680 IP 192.168.100.100.50132 > 192.168.0.1.10007: Flags [S], ⏎
seq 3386632361, win 64240, options [mss 1460,sackOK,TS val 2119254264 ecr ⏎
0,nop,wscale 7,mptcp capable v1], length 0
00:49:17.922705 IP 192.168.0.1.10007 > 192.168.100.100.50132: Flags [S.], ⏎
seq 42035243, ack 3386632362, win 65160, options [mss 1460,sackOK,TS ⏎
val 3990111290 ecr 2119254264,nop,wscale 7,mptcp capable v1 ⏎
{0xc9274be610a4de16}], length 0
00:49:17.922733 IP 192.168.100.100.50132 > 192.168.0.1.10007: Flags [.], ⏎
ack 1, win 502, options [nop,nop,TS val 2119254264 ecr 3990111290,mptcp ⏎
capable v1 {0x3a0c36c1dce1be59,0xc9274be610a4de16}], length 0
00:49:21.518585 IP 192.168.100.100.50132 > 192.168.0.1.10007: Flags [P.], ⏎
seq 1:11, ack 1, win 502, options [nop,nop,TS val 2119257860 ⏎
ecr 3990111290,mptcp capable v1 {0x3a0c36c1dce1be59,0xc9274be610a4de16}, ⏎
nop,nop], length 10
00:49:21.518623 IP 192.168.0.1.10007 > 192.168.100.100.50132: Flags [.], ⏎
ack 11, win 509, options [nop,nop,TS val 3990114886 ecr 2119257860,mptcp ⏎
dss ack 7642794435330898592], length 0
00:49:21.518760 IP 192.168.0.1.10007 > 192.168.100.100.50132: Flags [P.], ⏎
seq 1:11, ack 11, win 509, options [nop,nop,TS val 3990114886 ecr ⏎
2119257860,mptcp dss ack 7642794435330898592 seq 2119283574706043839 subseq ⏎
1 len 10,nop,nop], length 10
00:49:21.518775 IP 192.168.100.100.50132 > 192.168.0.1.10007: Flags [.], ⏎
ack 11, win 502, options [nop,nop,TS val 2119257860 ecr 3990114886,mptcp ⏎
dss ack 2119283574706043849], length 0
```

※誌面の都合上、⏎で改行しています。

　この時点ではNetwork2に通信パケットは流れていません。またoptionsに注目す
るとmptcpという文字列があり、MPTCPが使われていることがわかります。

　クライアントでのip mptcp monitorの様子も見てみると、MPTCPが使われてい
ることがわかります。

```
CLIENT $ sudo ip mptcp monitor
[       CREATED] token=5274a80c remid=0 locid=0 saddr4=192.168.100.100 ⏎
daddr4=192.168.0.1 sport=50132 dport=10007
[   ESTABLISHED] token=5274a80c remid=0 locid=0 saddr4=192.168.100.100 ⏎
daddr4=192.168.0.1 sport=50132 dport=10007
[        CLOSED] token=5274a80c
```

※誌面の都合上、⏎で改行しています。

　ここまでは、まだ経路が1つしか使われていない状態です。そこで、MPTCPにおけ
る経路を追加してみましょう。

　クライアントにおいてNetwork2を使った経路にパケットを流す際に、正しく
Network2に接続されているNICから送信されるようにルーティングテーブルの設定
を行います。

```
CLIENT $ sudo ip rule add from $netX.100 table 100

CLIENT $ sudo ip route add $netX.0/24 dev eth0 scope link table 100

CLIENT $ sudo ip route add default via $netX.100 dev eth0 table 100

CLIENT $ sudo ip rule add from $netY.100 table 200

CLIENT $ sudo ip route add $netY.0/24 dev eth1 scope link table 200

CLIENT $ sudo ip route add default via $netY.100 dev eth1 table 200


CLIENT $ sudo ip r show table 100
default via 192.168.100.100 dev eth0
192.168.100.0/24 dev eth0 scope link

CLIENT $ sudo ip r show table 200
default via 192.168.200.100 dev eth1
192.168.200.0/24 dev eth1 scope link
```

続いて、サブフローの制限を確認します。Ubuntu 22.04ではデフォルトで2でした。そのまま進めましょう。

```
CLIENT $ sudo ip mptcp limits show
add_addr_accepted 0 subflows 2
```

そして、もう1つの経路に割り振られたIPアドレスをサブフローのエンドポイントにします。

```
CLIENT $ sudo ip mptcp endpoint add 192.168.200.100 subflow
CLIENT $ sudo ip mptcp endpoint show
192.168.200.100 id 1 subflow
```

同様にクライアントとサーバで通信を行い、`ip mptcp monitor`で見てみるとサブフローが確立されていることがわかります。

```
CLIENT $ sudo ip mptcp monitor
[      CREATED] token=9b9d1bd5 remid=0 locid=0 saddr4=192.168.100.100 ⏎
daddr4=192.168.0.1 sport=34262 dport=10007
[  ESTABLISHED] token=9b9d1bd5 remid=0 locid=0 saddr4=192.168.100.100 ⏎
daddr4=192.168.0.1 sport=34262 dport=10007
[SF_ESTABLISHED] token=9b9d1bd5 remid=0 locid=1 saddr4=192.168.200.100 ⏎
daddr4=192.168.0.1 sport=33303 dport=10007 backup=0
[       CLOSED] token=9b9d1bd5
```

※誌面の都合上、⏎で改行しています。

以下に、Network1でキャプチャしたパケットの様子を示します。

```
00:50:17.578209 IP 192.168.100.100.34262 > 192.168.0.1.10007: Flags [S], ↵
seq 502095590, win 64240, options [mss 1460,sackOK,TS val 2119313920 ecr ↵
0,nop,wscale 7,mptcp capable v1], length 0
00:50:17.578232 IP 192.168.0.1.10007 > 192.168.100.100.34262: Flags [S.], ↵
seq 3816563187, ack 502095591, win 65160, options [mss 1460,sackOK,TS ↵
val 3990170946 ecr 2119313920,nop,wscale 7,mptcp capable v1 ↵
{0x6d80d21015d01a81}], length 0
00:50:17.578257 IP 192.168.100.100.34262 > 192.168.0.1.10007: Flags [.], ↵
ack 1, win 502, options [nop,nop,TS val 2119313920 ecr 3990170946,mptcp ↵
capable v1 {0xe7d08a4f06899e10,0x6d80d21015d01a81}], length 0
00:50:20.934110 IP 192.168.100.100.34262 > 192.168.0.1.10007: Flags [P.], ↵
seq 1:11, ack 1, win 502, options [nop,nop,TS val 2119317276 ↵
ecr 3990170946,mptcp capable v1 {0xe7d08a4f06899e10,0x6d80d21015d01a81}, ↵
nop,nop], length 10
00:50:20.934238 IP 192.168.0.1.10007 > 192.168.100.100.34262: Flags [.], ↵
ack 11, win 509, options [nop,nop,TS val 3990174302 ecr 2119317276,mptcp ↵
dss ack 17806219674165085213], length 0
00:50:20.934421 IP 192.168.0.1.10007 > 192.168.100.100.34262: Flags [P.], ↵
seq 1:11, ack 11, win 509, options [nop,nop,TS val 3990174302 ecr ↵
2119317276,mptcp dss ack 17806219674165085213 seq 16801016041962597405 ↵
subseq 1 len 10,nop,nop], length 10
00:50:20.934435 IP 192.168.100.100.34262 > 192.168.0.1.10007: Flags [.], ↵
ack 11, win 502, options [nop,nop,TS val 2119317276 ecr 3990174302,mptcp ↵
dss ack 16801016041962597415], length 0
00:50:22.389654 IP 192.168.100.100.34262 > 192.168.0.1.10007: Flags [P.], ↵
seq 11:21, ack 11, win 502, options [nop,nop,TS val 2119318731 ecr ↵
3990174302,mptcp dss ack 16801016041962597415 seq 17806219674165085213 ↵
subseq 11 len 10,nop,nop], length 10
00:50:22.389723 IP 192.168.0.1.10007 > 192.168.100.100.34262: Flags [P.], ↵
seq 11:21, ack 21, win 509, options [nop,nop,TS val 3990175757 ecr ↵
2119318731,mptcp dss ack 17806219674165085223 seq 16801016041962597415 ↵
subseq 11 len 10,nop,nop], length 10
```

※誌面の都合上、↵で改行しています。

　Network2でパケットキャプチャを実行してみると、サブフローを登録したエンド
ポイント向けのパケットがNetwork2の経路に流れていることを確認できます。

```
00:50:20.934514 IP 192.168.200.100.33303 > 192.168.0.1.10007: Flags [S],
seq 375023186, win 64256, options [mss 1460,sackOK,TS val 1754813083 ecr
0,nop,wscale 7,mptcp join id 1 token 0xd59debf9 nonce 0xfe046cf8], length 0
00:50:20.934537 IP 192.168.0.1.10007 > 192.168.200.100.33303: Flags [S.],
seq 2891851812, ack 375023187, win 65160, options [mss 1460,sackOK,TS val
1998881374 ecr 1754813083,nop,wscale 7,mptcp join id 0 hmac
0x4af976a441fb3769 nonce 0x90ce3e15], length 0
00:50:20.934564 IP 192.168.200.100.33303 > 192.168.0.1.10007: Flags [.],
ack 1, win 502, options [nop,nop,TS val 1754813083 ecr 1998881374,mptcp
join hmac 0x5f3ec2585005952e0c41ad9518d87ca1e2393948], length 0
00:50:20.934590 IP 192.168.0.1.10007 > 192.168.200.100.33303: Flags [.],
ack 1, win 510, options [nop,nop,TS val 1998881374 ecr 1754813083,mptcp
dss ack 17806219674165085213], length 0
00:50:25.282588 IP 192.168.200.100.33303 > 192.168.0.1.10007: Flags [.],
ack 1, win 502, options [nop,nop,TS val 1754813083 ecr 1998881374,mptcp
dss fin ack 16801016041962597435 seq 17806219674165085233 subseq 0 len
1,nop,nop], length 0
00:50:25.282646 IP 192.168.0.1.10007 > 192.168.200.100.33303: Flags [.],
ack 1, win 510, options [nop,nop,TS val 1998885722 ecr 1754813083,mptcp
dss ack 17806219674165085234], length 0
00:50:25.282749 IP 192.168.0.1.10007 > 192.168.200.100.33303: Flags [.],
ack 1, win 510, options [nop,nop,TS val 1998885722 ecr 1754813083,mptcp
dss fin ack 17806219674165085234 seq 16801016041962597435 subseq 0 len
1,nop,nop], length 0
00:50:25.283946 IP 192.168.200.100.33303 > 192.168.0.1.10007: Flags [.],
ack 1, win 502, options [nop,nop,TS val 1754817431 ecr 1998885722,mptcp
dss ack 16801016041962597436], length 0
00:50:25.283969 IP 192.168.200.100.33303 > 192.168.0.1.10007: Flags [F.],
seq 1, ack 1, win 502, options [nop,nop,TS val 1754817432 ecr
1998885722,mptcp dss ack 16801016041962597436], length 0
00:50:25.284009 IP 192.168.0.1.10007 > 192.168.200.100.33303: Flags [F.],
seq 1, ack 2, win 510, options [nop,nop,TS val 1998885723 ecr
1754817432,mptcp dss ack 17806219674165085234], length 0
```

※誌面の都合上、⏎で改行しています。

第 9 章

セキュリティ

9.1 ┃ 代表的なセキュリティ対策

セキュリティリスクは情報の漏洩や損害をもたらすため、セキュリティ対策は非常に重要です。

本章ではLinuxカーネルにおけるセキュリティについて説明しますが、セキュリティという言葉は非常にあいまいです。そのため本節ではソフトウェアやLinuxに限らず、まずは代表的なセキュリティ対策について幅広く確認していきます。

そして、以降の節でLinuxカーネルの最新機能を紹介します。

9.1.1 外部からの侵入の阻止

セキュリティ対策にはまず、外部からLinuxに対する攻撃や侵入を防ぐものがあります。代表的なのは**ファイアウォール**というネットワークからの侵入や不正アクセスを防ぐ機能です。`iptables`でDoS攻撃の予兆を検知することもできます。

外部にはネットワークの他にUSBポートなどもあります。セキュリティ対策としては、許可されていないUSBメモリを認識しないようにする、またはUSB接続を禁止するというのもあります（9.2節を参照）。

9.1.2 アクセス制御

アクセス制御とはユーザやプロセスのリソースに対するアクセスを制限することです。これも代表的なセキュリティ対策の1つです。アクセス制御にはDACとMACがあります。

◉ DAC

DAC（Discretionary Access Control：任意アクセス制御）の基本は、ファイルパーミッションによるアクセス制御です。`chmod`コマンドで設定します。これはシステムがrootユーザのみで動作していると意味がありませんので、マルチユーザ構成が必要です。プロセスごとにユーザを用意して、権限を分散するのが理想です。

また、パーミッションとは別にケーパビリティと呼ばれる権限を設定できます。ケーパビリティとはrootユーザが持っていた特権を機能ごとに分割し、プロセスやファイルに設定できるようにしたものです。

具体的に分割した機能とは、リブート（`CAP_SYS_BOOT`）やファイルシステムのマ

ウント（CAP_SYS_ADMIN）、シグナル送信（CAP_KILL）、時間設定（CAP_SYS_TIME）などがあり、現在でもケーパビリティは増えています。

本書執筆時点でケーパビリティは40種類ほどあります[※1]。プロセスケーパビリティの例を挙げると、マウントするアプリケーションをrootユーザで実行するのではなく、一般ユーザのままCAP_SYS_ADMINを設定します。また、ファイルケーパビリティは、dateコマンドにCAP_SYS_TIMEを設定すると、一般ユーザでもdateコマンドで時刻設定ができるようになります。

プロセスのケーパビリティは/proc/<PID>/statusで確認できます。getcapコマンドでファイルのケーパビリティを確認、setcapコマンドでファイルにケーパビリティの設定ができます。systemd-analyze securityでは、ケーパビリティを含めserviceファイルのセキュリティ設定を確認することができます。ケーパビリティについての詳細は以下のURLを参照してください。

・https://man7.org/linux/man-pages/man7/capabilities.7.html

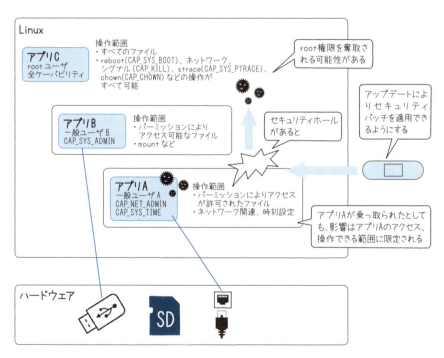

図9.1　アプリケーションにセキュリティホールがあった例

※1：最近ではLinux 5.9でCAP_CHECKPOINT_RESTOREが追加されました。

パーミッション設定とケーパビリティ設定がされたアプリケーションにセキュリティホールがあったときの例を図9.1に示します。ネットワーク通信をするアプリケーションAが乗っ取られたとしても、その影響はユーザAがアクセス可能な範囲や、付与されたケーパビリティの範囲に限定されます。

　ただし、ここでアプリケーションAがリンクしているライブラリにセキュリティホールがあったとします。このセキュリティホール（脆弱性）からroot権限を奪取される、またはroot権限で動作しているアプリケーションCを乗っ取られた場合には制限がなく、すべてにアクセスできてしまいます（脆弱性の対策は後述します）。そのためDACを補完するものとして、次に説明する強制アクセス制御があります。

◉ MAC

　MAC（Mandatory Access Control：強制アクセス制御）の代表的なものにはSELinuxや、AppArmorがあります。LinuxカーネルにあるLSM（Linux Security Modules）という仕組みを使っています。デバイスドライバなどのカーネルモジュールとは別の仕組みであり、セキュリティのための専用モジュールを組み込む仕組みです。

　SELinuxを例に説明すると、アクセスルールの集合であるセキュリティポリシーに従い、ファイルやネットワークのポートなどへのアクセスを制限します。rootユーザにも制限を課すため、rootを乗っ取られても影響範囲を限定できます。

◉ ファイルの暗号化／復号

　Linuxカーネルの暗号化機能にはfs-cryptとdm-cryptがあります。例えば、Ubuntu 22.04をマシンにインストールするときにパーティションを暗号化することができます。これはdm-cryptで実現しています。

　Android 9の前半までは、FDE（full-disk encryption）という機能により、dm-cryptを使ってパーティション単位での暗号化をサポートしていました。

　現在のAndroidではFBE（File-Based Encryption）が主流です。FBEではファイルごとに異なる鍵が使われます。

　fs-crypt、dm-cryptのどちらも、システムにより鍵を適切に管理すれば、アプリケーションは暗号化／復号を意識する必要はありません。あとはカーネルが自動で暗号化／復号処理をしてくれます。つまりLinuxカーネルのファイルシステムを経由さえすればいつもどおりファイルにアクセスでき、HDDなどを物理的に外す、またはddコマンドでファイルシステムを経由せずにディスクにあるデータを抜き取ると、暗号化されたままになるということです。

fs-cryptが扱う鍵の状態は/proc/keysで確認できます（dm-cryptの鍵はカーネル内で扱わないため/proc/keysでは確認できません）。

9.1.3 TrustZone

先ほど、ファイル暗号化／復号を説明する中で鍵について触れました。当然ながら鍵はしっかりと保護する必要があります。鍵などを安全に扱う仕組みとして、ここでは**TrustZone**について説明します。

ARMのCortex-A系とCortex-M系にはTrustZoneという技術があります。リソースを完全に分離して、セキュアな実行環境を提供します。このセキュアな実行環境は**Secure World**と呼ばれ、もう1つの実行環境は**Normal World**と呼ばれます。

Secure Worldがあることで、鍵などを隔離し、安全にデータを扱えます。CPUはSecure WorldとNormal Worldで共有されるため、Secure Worldでも非常に高速な処理が可能です。

Secure Worldは**TEE**（Trusted Execution Environment）とも呼ばれ、特にARMのTrustZoneを利用する場合はGlobalPlatformがAPIなどのTEE仕様を定義しています。TEE仕様では、Normal WorldのことをREE（Rich Execution Environment）と呼びます。TEEで動作するOSはTrusted OS、一方のREEで動作するOSはRich OSと呼ばれます。1つのARMマシンで2つのOSが起動するので、仮想化をイメージするとよいかもしれません。

Linuxにおいて、TEEに準拠したTrusted OSとして代表的なのはOP-TEE（Open Portable TEE）です。OP-TEEは STMicroelectronicsとLinaro Security Working Groupで開発したオープンソースのTEE実装です。他の実装としてはGoogleが開発したTrusty、QualcommのQTEE/QSEEがあります。

LinuxとOP-TEE構成を図9.2に示します。

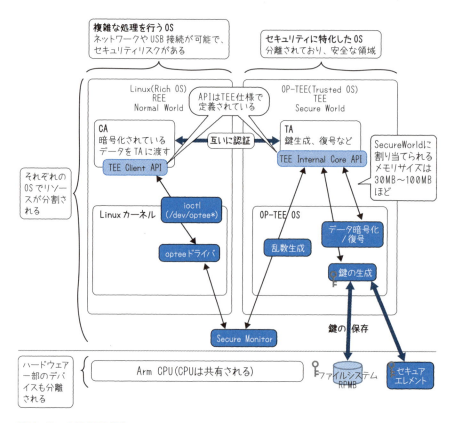

図9.2　LinuxとOP-TEEの構成

　OP-TEEを使った処理としてよくあるのは、データの復号です。推奨されている方法は、Linux側にある暗号化されたデータを、OP-TEE内にある鍵を使ってOP-TEE内で復号します。復号されたデータをOP-TEE内で処理できた場合は、Linuxには復号ができたことを伝えるだけになります[※2]。

　OP-TEE内にある鍵をLinuxに渡して、Linux上でデータの復号はしません。Linuxはネットワークなど外部とのやりとりをするため、セキュリティリスクがあります。OP-TEEは安全な領域なので、鍵はOP-TEE側からは出せないようになっています。

　LinuxとOP-TEEの切り替えは**Secure Monitor**が担っています。誰でもOP-TEEを使用できるわけではありません。OP-TEEを使用するには、LinuxとOP-TEEにそれぞれアプリケーションを用意します。Linux側のアプリケーションは**CA**（Client Application）、OP-TEE側のアプリケーションは**TA**（Trusted Application）と呼ばれます。

　CAとTAは認証する仕組みがあり、あるTAに対して決められたCAしか命令ができま

※2：鍵はOP-TEE内で生成します。OP-TEEはメモリ上で動作しているので、鍵は暗号化してLinux（Normal World）を経由して、RPMB（eMMCのパーティション）や、Linuxのルートファイルシステム上に保存します。

せん。基本的にはLinux（CA）からの依頼があってはじめてOP-TEE（TA）が動作します。OP-TEEが自発的に動作することはほとんどありません。

TrustZoneはARMが提供する仕組みですが、その他のCPUでは同様の仕組みとしてIntel SGX、RISC-V Keystoneなどが提供されています。鍵のような秘密情報を安全に取り扱うためには TrustZoneやIntel SGXでTEEが必須なのかというと、そうではありません。その他にもセキュアエレメント（CPUとは独立した単体のハードウェア）を搭載し、そこに鍵を保存するといった方法もあります。セキュアエレメントは図9.3のように、Trusted OS、Rich OSどちらからでも使うことができます。

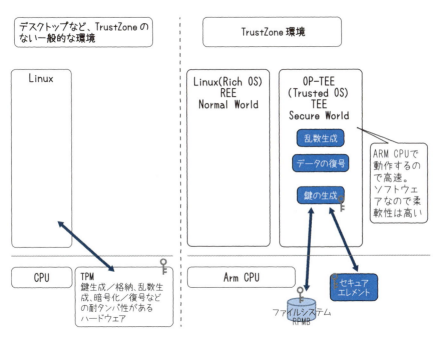

図9.3　セキュアエレメント

セキュアエレメントにはさまざまなものがありますが、有名なものとしてはTPM（Trusted Platform Module）やHSM（Hardware Security Modules）があります。どちらも鍵の格納／生成、暗号化／復号、署名検証、乱数生成などの機能があります。

TPMとHSMの機能は似ていますが、TPMはIntelアーキテクチャのPCで広く使われています。正しくはTPMとは仕様の名前であり、このTPM仕様に準拠したチップをTPMデバイス、または単にTPMと呼びます。

HSMはより強固なセキュリティを提供するためのサーバで多く使われます。HSM

と呼ばれるデバイスは一般にPCIeに接続するような、ある程度大型のもので、高性能ハードウェアにより高速な暗号化／復号が可能です。FIPS 140のような規格の認定を取得しているものが多いです。

組み込み向けでは、TPMが使われることもありますが、独自仕様のセキュアエレメントチップが組み込まれていることもあります。TPMの暗号化／復号処理は低速ですが、この部分の性能を強化するなどさまざまな優位性を持たせたチップがあります。

TrustZone環境の場合、OP-TEEのようなTrusted OSはARM CPUで動作するので、TPMより高速に処理することができます。

セキュアエレメントの具体例として、AWSはHSMのマネージドサービスとしてAWS CloudHSMを提供しています。またAppleは自社製のSoC（System on Chip）に内蔵したSecure Enclaveと呼ばれるサブシステムを提供しています。かつてのIntel Macでは、Secure EnclaveはCPUとは別のT2というチップに実装されていましたが、ARMベースのMacやiPhoneではSoCに内蔵されているようです。Windows 11のシステム要件ではTPM2.0が明記されています[3]。

TPM、HSMのさらなる特徴は、**対タンパ性**があることです。対タンパ性とは例えば、これらが物理的に剥がされそうになると、自動的に内部のデータを消去するような機能です。この対タンパ性により、鍵など内部データの漏洩を防ぎます。

9.1.4 脆弱性対策、アップデート

一般的な脆弱性対策としては、CVE、JVNなどで報告される脆弱性を監視し、システムに影響あるものかを確認します。

CVEとはソフトウェアベンダなどが公表する脆弱性の一覧であり、個別にIDが付与され、脆弱性の説明があります。CVEはJVNやNVDといった脆弱性情報データベースで広く公開されています。

JVNはJPCERTとIPAによる脆弱性対策情報のデータベースで、NVDは米国国立標準技術研究所（NIST）による脆弱性管理データベースです。JVNもNVDもCVEを含めた脆弱性対策情報でデータベースが構築されており、またCVSSと呼ばれる評価システムにより脆弱性の深刻度を記載しています。

※3：TPMの仕様にはTPM 1.2とTPM 2.0があります。TPM 2.0はTPM 1.2よりも対応する暗号アルゴリズムが増えるなど、TPM 1.2よりも強化されています。

脆弱性が公開されると、その脆弱性を利用した攻撃手段も公開されることがあります。システムにはアップデートの仕組みを入れて、速やかにセキュリティパッチを適用できるようにします。

9.1.5　難読化

　難読化とは、リバースエンジニアリングによりプログラムの解読を難しくする技術です。特にJavaのような中間コードを生成するようなプログラミング言語に対して効果が見込まれます。

　リバースエンジニアリングとは、実行形式のファイルからソースコードを復元したり、アルゴリズム（動作の仕組み）を解析することです。これによりデータを抜き取られたり、不正なコードを埋め込まれたり、技術の漏洩などの可能性があります。

　Androidでは、Javaプログラムに対する難読化ツールであるProGuardをビルド時に利用できます。

9.1.6　セキュリティ監査ツール

　システムとセキュリティの監査ツールにLynisがあります。システム構成や設定ファイル、procfs、ソフトウェアパッケージなどに対して、問題がないか検査します。問題がある、または改善の余地があれば、提言もしてくれます。

　Lynisを使用するには、lynisパッケージをインストールし、`lynis audit system`を実行します。root権限がなくても実行可能ですが、rootで実行するとより多くの検査を実施できます。

　以下は、`sudo`で`lynis`を実行した結果です。出力の一部は省略しています。実際は1000行ほどになります。

```
$ sudo lynis audit system

[+] Security frameworks
------------------------------------
  - Checking presence AppArmor                             [ 見つかりません ]
  - Checking presence SELinux                              [ 見つかりました ]

[+] File Permissions
------------------------------------
    File: /etc/passwd                                      [ OK ]
    File: /etc/passwd-                                     [ OK ]
    File: /etc/ssh/sshd_config                             [ OK ]
    Directory: /root/.ssh                                  [ OK ]

[+] SSH Support
------------------------------------
  - Checking running SSH daemon                            [ 見つかりました ]
    - Searching SSH configuration                          [ 見つかりました ]
    - OpenSSH option: AllowTcpForwarding                   [ 提言があります ]
    - OpenSSH option: ClientAliveCountMax                  [ 提言があります ]

[+] Kernel Hardening
------------------------------------
    - net.ipv4.icmp_echo_ignore_broadcasts (exp: 1)        [ OK ]
    - net.ipv4.icmp_ignore_bogus_error_responses (exp: 1)  [ OK ]
    - net.ipv4.tcp_syncookies (exp: 1)                     [ OK ]

  Suggestions (43):
  * Consider hardening SSH configuration [SSH-7408]
    - Details  : AllowTcpForwarding (set YES to NO)
      https://cisofy.com/lynis/controls/SSH-7408/

  * Consider hardening SSH configuration [SSH-7408]
    - Details  : ClientAliveCountMax (set 3 to 2)
      https://cisofy.com/lynis/controls/SSH-7408/
```

Column

パッケージのインストール

FedoraなどRedHat系のディストリビューションでは**yum**コマンド、または**dnf**コマンドでパッケージをインストールしてください。

```
$ sudo yum install lynis
$ sudo dnf install lynis
```

UbuntuなどDebian系ディストリビューションでは、以下のように**apt**コマンドでパッケージをインストールしてください。

```
$ sudo apt install lynis
```

openSUSEでは**zypper**コマンドを使います。

```
$ sudo zypper install lynis
```

ここではlynisパッケージを例にしましたが、パッケージ名を変更すれば他のパッケージも同様にインストールできます。

9.1.7 その他の対策

その他のセキュリティ対策のうち、主なものを簡単に紹介します。

- セキュアブートを有効にする
- rootユーザなどのログインパスワードを複雑なものにする
- ファイルの改ざんを検出する（Linuxカーネルではdm-verity、fs-verity）
- ウィルス対策ソフトを導入する
- 仮想化などの隔離技術を用いて、万一の場合における影響範囲の局所化を図る
- 不要なパッケージやファイルは削除する
- ログメッセージに攻撃のヒントになるような文字列を使用しない（開発者だけが理解できるメッセージにする）
- シリアルコンソールやデバッグ用途のコネクタは製品から取り外す

9.1.8 セキュリティ設計

ここまでセキュリティの技術について説明してきましたが、セキュリティ対策は一般に性能や利便性とトレードオフの関係にあります。やればやるほどよいのは明白ですが、時間や費用もかかるので、どこまでやるか悩ましいところです。

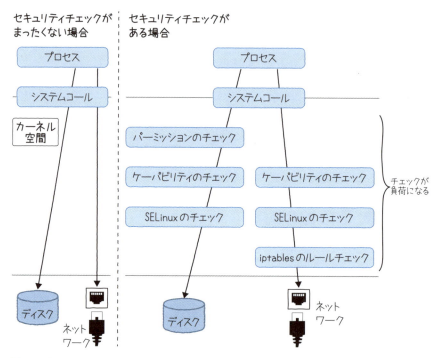

図9.4　セキュリティチェックによる負荷

またセキュリティ対策は設定を一度すればよいというものではありません。監視をして継続的な対応が必要なものもあります。考えなしに、とにかくセキュリティ対策をすればよいのではなく、セキュリティを考慮したシステムの設計が必要であり、これをセキュリティ設計といいます。例えば、セキュリティのリスク分析、ガイドラインに基づいた設計、脅威モデル分析（TMA）による設計、またはCSMS認証基準、機能安全規格を満たすように設計すべきです。

いずれにせよ、保護すべき対象を決定し、これに対する脅威を把握します。そしてこの脅威への対策を実施します。

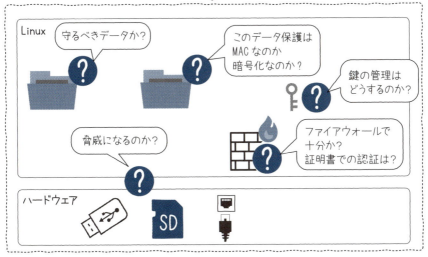

図9.5 脅威への対策

なお、IPAからセキュリティリスク分析ガイド、セキュリティ設計の手引きが公開されているので、参考にしてください。

・https://www.ipa.go.jp/security/controlsystem/riskanalysis.html
・https://www.ipa.go.jp/security/iot/iotguide.html

セキュリティにはさまざまなものがあります。セキュリティ設計に基づいて対策をするにしても、エンジニアとしては既存のセキュリティ技術を理解することも重要です。次節以降ではLinuxカーネルのセキュリティ機能について説明します。

9.2 USBGuard

Linuxカーネルには、USB Device Authorizationという機能があります。これは2007年ごろからある機能で決して目新しいものではありませんが、これを利用したソフトウェアには本節で紹介するUSBGuardというものがあります。

USBGuardは、USBデバイスの使用をルールに従い許可／ブロックします。簡単な使い方は、usbguardをインストールして次のコマンドを実行するだけです。

```
$ sudo usbguard generate-policy > /etc/usbguard/rules.conf

$ sudo systemctl start usbguard.service

$ sudo systemctl enable usbguard.service
```

最初のusbguard generate-policyコマンドで、現在マシンに接続されているUSBデバイスを許可するルールが生成されます。そしてそれを/etc/usbguard/rules.confに書き込みます。デフォルトでは、その他のUSBデバイスはブロックされ、接続しても使用できないルールが適用されています。

続くsystemctl start usbguard.serviceでusbguard-daemonが起動し、このルールを適用します。そのため現在接続されているUSBデバイス以外を接続しても認識されません。現在接続しているUSBデバイスは接続し直しても認識されます。

許可されているUSBデバイスが接続されると、dmesgにはDevice is not authorized for usageと出力されますが、そのあとすぐにauthorized to connectと出力されるので、問題ありません。

```
[2251830.088935] usb 1-7: Device is not authorized for usage
[2251830.501777] asix 1-7:1.0 eth0: register 'asix' at usb-0000:00:14.0-7, ⏎
ASIX AX88772 USB 2.0 Ethernet, 00:12:34:56:78:9a
[2251830.501827] usb 1-7: authorized to connect
```

※誌面の都合上、⏎で改行しています。

これはUSBGuardの内部でまず接続をブロックしたうえでルールを確認し、許可されたデバイスだけを認識するためです。

9.2.1 USB デバイスのブロック、切断

すでに接続されていて許可されているUSBデバイスを、コマンド実行でブロックすることもできます。まずusbguard list-devicesを実行し、接続されているUSBデバイスを確認します。

```
$ usbguard list-devices
～省略～
26: block id 0b95:7720 serial "001247" name "AX88772 " hash ⏎
"EcruIl8SbjNl7lehgnU4pnKlbiGRcYnjJegm6Os09fQ=" parent-hash ⏎
"jEP/6WzviqdJ5VSeTUY8PatCNBKeaREvo2OqdplND/o=" via-port "1-7" ⏎
with-interface ff:ff:00 with-connect-type "hotplug"
```

※誌面の都合上、⏎で改行しています。

一番左にID番号が割り当てられます。ID 26をブロックする場合は以下のコマンドを実行します。

```
$ usbguard block-device 26
```

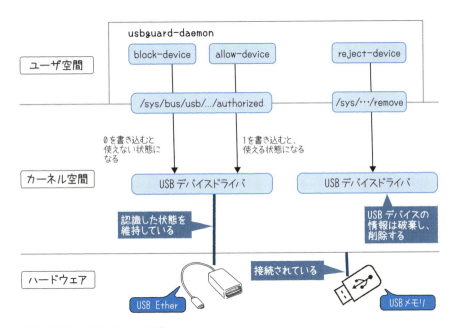

図9.6　USBGuardのblockとrejectの違い

`usbguard block-device`を実行すると、usbguard-daemon内部で`echo 0 > /sys/bus/usb/devices/<INTERFACE>/authorized`を実行します。今回のようなUSBイーサネットアダプタであれば、`ifconfig`コマンドでデバイスが表示されなくなります。

ただし、/sysにある対象のUSBデバイス関連のファイルは残っています。これはカーネル内部でUSBデバイスを認識したままの状態のためです。実際に再度`usbguard list-devices`を実行すると、ID 26は残っています。`usbguard allow-device 26`

を実行すると、またUSBデバイスを使用できるようになります。

rejectルール（後述）で、このUSBデバイスを接続していないかのようにすることもできます。`usbguard reject-device 26`を実行すると、`usbguard-daemon`の内部で`echo 1 > /sys/bus/usb/devices/<INTERFACE>/remove`が実行され、USBデバイスの情報が削除されます。あわせて/sysのUSBデバイスに関連するファイルも削除されます。`usbguard list-devices`で表示されなくなるので、`usbguard allow-device`もできません。

`usbguard`コマンドの`block-device`、`reject-device`を実行しても、/etc/usbguard/rules.confは書き換えられません。そのため`block-device`と`reject-device`の対象としたUSBデバイスを抜いて接続し直すと、認識され使えるようになります。接続をブロックしたいデバイスがある場合には、/etc/usbguard/rules.confにルールを記載します。

9.2.2　ルールについて

USBGuardのルールについては、以下のURLに詳細があります。

・https://usbguard.github.io/documentation/rule-language.html

USBメモリなどのUSBマスストレージの接続をすべて禁止して、未接続状態にするには以下のルールを`rules.conf`に記載します。

```
reject with-interface all-of { 08:*:* }
```

`with-interface`の番号はUSBの仕様でクラスコードと呼ばれています。クラスコードの定義は以下のURLを参照してください。

・https://www.usb.org/defined-class-codes

キーボードやマウスは`03`から始まります。USBメモリは`08`から始まります。そのためUSBキーボード、USBマウスの接続をブロックするルールは以下のようになります。

```
block with-interface all-of { 03:*:* }
```

すでに接続されたUSBキーボードがない場合にだけUSBキーボードの接続を許可す

るルールは、次のようになります。

```
allow with-interface one-of { 03:00:01 03:01:01 } if !allowed-matches(with-⏎
interface one-of { 03:00:01 03:01:01 })
```

※誌面の都合上、⏎で改行しています。

他にUSBデバイス名を示す**name**や、USBポートを示す**via-port**でより細かいルールを作成することもできます。

9.2.3 usbguard-daemon の設定

USBGuardコミュニティでは、**usbguard-daemon.conf**にIPCアクセス制御（IPCAllowed Usersなど）を設定し、USBGuardルールの変更が可能なユーザまたはグループの制限を行うことを推奨しています。

usbguard-daemonには、IPC（プロセス間通信）により別プロセスからusbguard-daemonにアクセスする機能が備わっており、このアクセス制御のことをIPCアクセス制御と呼びます。別プロセスからUSBGuardのルールなどを変更することができますが、誰でも変更できてしまうと意味がないので、許可されたユーザだけIPCアクセスできるようにしましょう。

また/etc/usbguard/にある**rules.conf**と**usbguard-daemon.conf**のパーミッション設定は**0600**に設定しましょう。

9.2.4 udevd との比較

以前はudevルールのオプションに**ignore_device**がありました（udevがsystemdに統合される前まで）。これは対象デバイスが追加されても、udevdに無視させるオプションです。

具体的には、USBデバイスが接続されると、USBデバイスの追加を示すudevイベントがカーネルからudevdに送られます。udevd内部でそのイベントを受信しても、**mknod**を行いません。つまり**mknod**をしないとデバイスファイルが作成されず、デバイスが使えないことになります。

現在**ignore_device**オプションの実装はudevdから削除されましたが、それでもudevのルールでUSBGuardと同じようにsysfsのremoveやauthorizedを利用すれば、同様にUSBデバイスの接続を禁止できます。

特定のUSBデバイス接続を無効にしたい場合は、udevルールで制御するべきなので

しょうか、それともUSBGuardで行うべきでなのしょうか？　それを理解するためにまず、デバイスが接続されたことの認識はどちらが早いのかを確認しておきましょう。

　udevdもusbguard-daemonもudevイベントを受信することでUSBデバイスの接続を認識します。そのあと、どちらもそれぞれのルールを確認して、処理を行います。その際udevイベントはカーネル空間とユーザ空間で通信をするnetlinkと呼ばれる特殊なソケットで送られます。

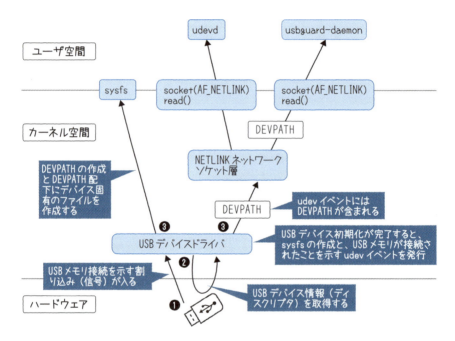

図9.7　netlinkによりデバイス接続を通知する仕組み

　そのため厳密には先にソケット通信できたほうが早いことになりますが、どちらもほぼ同時にデータを受信します。どちらかが必ず先に動作する、といった仕組みではないので、どちらでUSBデバイスのルールを設定してもかまいません（udevadm monitorとusbguard watchを実行した状態でUSBデバイスの抜き差しをすると同時に情報が出力されます）。

　しかしながらUSBGuardはUSBデバイスの許可、ブロックに特化したアプリケーションであり、使い勝手がよいため、本書ではUSBGuardをおすすめします。

9.2.5 USB デバイスの判別の仕組み

先ほどnetlinkソケットについて述べました。USBデバイスが接続されると（図9.7❶）、USBドライバがどのようなデバイスが接続されたかを確認し、初期化をします。この「確認」とは、例えばUSB 3.0なのか、USB 2.0のデバイスなのかといったことを、エニュメレーションと呼ばれる手順の中でデバイスから詳細情報（デバイスディスクリプタなど）を取得して確認します（図9.7❷）。

初期化が終わると、デバイスを登録し、USBデバイスのsysfsを作成したり、udevイベントを発行したりします（図9.7❸）。このudevイベントはsysfsと連携しており、カーネルからデバイスのsysfsのパス（DEVPATH）を含みます。

このDEVPATHの配下には多くのファイルがあり、デバイスディスクリプタやUSBデバイスのプロダクトID、ベンダID、製品名などを取得できます。USBGuardはこのDEVPATH配下にあるファイルからUSBデバイスの情報を取得し、ルールの判別をしています。DEVPATH配下の情報はlsusbコマンドなども利用しています。

具体的にいうと、USBデバイスのDEVPATHは/sys/bus/usb/devices/<インタフェース>/です（<インタフェース>はデバイスにより異なります）。

9.2.6 認証

組み込み機器ではキーボード、マウスの接続はブロックしたいはずです。ただその場合も、特定のUSBメモリだけは接続できるようにしたい、というケースも考えられます。さらにその際、どのUSBメモリでもよいが、あらかじめ認めたものだけを許可したいという要求もあることでしょう。

このような認証はUSBGuardだけでは難しいですが、単純にUSBメモリ内の暗号化されたデータを復号できれば接続を許可する、またはUSBメモリ内のデータを暗号化したうえでさらにUSBメモリ内にある証明書で認証できたものだけを接続許可する、という方法が考えられます（暗号化により証明書を抜き取られないため）。

このような仕組みはUSBGuardが利用している/sys/bus/usb/devices/<INTERFACE>/authorizedで実現できます。

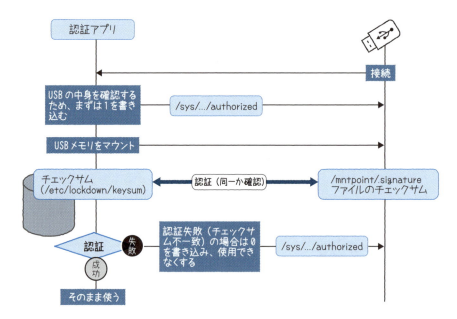

図9.8 認証

https://www.kernel.org/doc/Documentation/usb/authorization.rstに簡単なサンプルがあります。/etc/lockdown/keysumとUSBメモリ内にある.signatureファイルのチェックサム（md5sum）が一致すれば接続を許可するというものです。

```
function device_is_my_type()
{
    echo 1 > authorized         # temporarily authorize it
                                # FIXME: make sure none can mount it
    mount DEVICENODE /mntpoint
    sum=$(md5sum /mntpoint/.signature)
    if [ $sum = $(cat /etc/lockdown/keysum) ]
    then
          echo "We are good, connected"
          umount /mntpoint
          # Other stuff so others can use it
    else
          echo 0 > authorized
    fi
}
```

これを発展させて、証明書の入ったUSBメモリが接続されると、その証明書を認証局（CA）により検証するという方法も考えられます。証明書の有効期限でそのUSBメモリが使える期間を制限することもできるでしょう。

9.3 LOCKDOWN

LOCKDOWNは、Linux 5.4から実装された「rootアカウントであっても一部のカーネル機能が使えなくなる」機能です。これによりrootアカウントが奪われてもカーネルへの影響が抑えられます。そのため、これは侵入を防ぐ対策ではなく、侵入後の対策といえます。

LOCKDOWNは/sys/kernel/security/lockdownファイルで確認／設定ができます。以下はnone（無効）となっているときの例です。

```
$ sudo cat /sys/kernel/security/lockdown
[none] integrity confidentiality
```

noneの他にLOCKDOWNのレベルが定められており、integrityとconfidentialityがあります。integrity（完全性）に設定すると、ユーザ空間からカーネル内のデータを変更する機能が無効になります。機能の詳細は後ほど説明します。

confidentiality（機密性）に設定すると、integrityに加えて、カーネルから機密情報を取得する機能も無効になります。そのため、integrityよりもconfidentialityのほうがLOCKDOWNレベルが高いといえます。

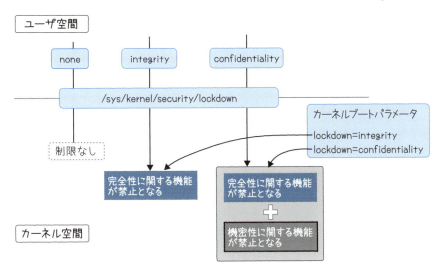

図9.9　LOCKDOWNレベルの違い

以下はUbuntu 20.04（Linux 5.11）でintegrityに設定したときのdmesgです。

```
# echo integrity > /sys/kernel/security/lockdown

# dmesg
〜省略〜
[1113892.910901] Kernel is locked down from securityfs; see man ⏎
kernel_lockdown.7
```

※誌面の都合上、⏎で改行しています。

　LOCKDOWNレベルが高い状態から低い状態には戻せません。そのためnone以外に設定したあとは、noneに戻すことはできません（confidentialityからintegrityへの変更もできません）。LOCKDOWNを無効にするには再起動する必要があります。

　起動時からLOCKDOWNを有効にするには、カーネルブートパラメータにlockdown ={integrity|confidentiality}を設定するか、カーネルビルドのときにLOCK_ DOWN_KERNEL_FORCE_<INTEGRITY|CONFIDENTIALITY>を選択しておきます。

　LOCKDOWNは機能を制限するため、アプリケーションの動作に影響する場合があります。そのため事前にシステムへの影響を把握したうえで有効化することが推奨されています。

　なおLOCKDOWNは自動で有効にはなりません。起動時からLOCKDOWNを有効にできない場合は、侵入の形跡を検出したらLOCKDOWNを有効にするような使い方が考えられます。

　侵入の形跡の例としては、dm-verityでファイルの改ざんを検知したときが挙げられます。本来はファイル改ざんが検出されたらすぐにシャットダウンすべきであり、LOCKDOWNをしてシステムの動作を継続すべきではありませんが、シャットダウン前にログを出力するなどの終了処理をしたい場合は、LOCKDOWNをしたうえで終了処理をする状況が考えられます。

　なお、ディストリビューションによっては独自にパッチを当てており、起動時の処理でセキュアブートで起動したかをチェックし、セキュアブートで起動した場合はLOCKDOWN機能を有効にしています。

　それでは、ここからはintegrityとconfidentialityで禁止される機能を見ていきます。

9.3.1 integrity

まずはintegrityで禁止される機能を見ていきます。

● unsigned module loading

modprobeなどによるモジュールのロードが禁止されます。これは単純にモジュールのロードを禁止するというわけではなく、正しく署名されたモジュールのロードは可能です。

● /dev/mem、/dev/kmem、/dev/port

/dev/mem、/dev/kmem、/dev/portへのアクセスが禁止されます。

/dev/memを利用すると、動作しているカーネルのメモリ領域を読み書き可能です。例えばmcelogコマンドは/dev/memを参照するため、integrityに設定すると使用できなくなります。

● /dev/efi_test access

/dev/efi_testへのアクセスが禁止されます。/dev/efi_testファイルのopenができなくなるため、ioctlのSETもGETもできなくなります。

● kexec of unsigned images

kexec_loadシステムコールとkexec_file_loadシステムコールで、署名のないカーネルイメージのロードが禁止されます。

● hibernation

ハイバネーションが禁止されます。これはハイバネートから復帰したときに再開イメージが正式なものか確認する手段がないためで、ハイバネートイメージの署名が実装されるまでは、LOCKDOWNでハイバネーションの禁止をするとされています。

・https://github.com/torvalds/linux/commit/38bd94b8a1bd46e6d3d9718c7ff58
  2e4c8ccb440

● direct PCI access

PCIに関する以下のアクセスが禁止されます。

- pciconfig_writeシステムコール
- /proc/bus/pci/配下のファイルへの書き込みとioctl、mmap
- /sys/devices/pciXXXX:XX/0000:XX:XX.X//configの書き込み
- /sys/devices/pciXXXX:XX/0000:XX:XX.X//resource0..Nのmmapと書き込み
- /sys/devices/pciXXXX:XX/0000:XX:XX.X//resource0_wc..N_wcのmmap

⊙ raw io port access

x86アーキテクチャにおいてioplシステムコールとiopermシステムコールが禁止されます。

⊙ raw MSR access

x86アーキテクチャにおいて、/dev/cpu/CPUNUM/msrへの書き込みと、ioctlによる書き込み（X86_IOC_WRMSR_REGS）が禁止されます。一方ioctlの読み込み（X86_IOC_RDMSR_REGS）は可能です。

なお、MSR（Model-Specific Registers）とはCPU固有のレジスタです。

⊙ modifying ACPI tables

CONFIG_ACPI_TABLE_UPGRADE=yとすると、ACPIテーブルを書き換えることが可能になります。デバッグにおける利便性のため実装された機能ですが、このテーブルにはハードウェア情報などがあるため変更できないようにしています。

⊙ direct PCMCIA CIS storage

/sys/class/pcmcia_socket/pcmcia_socket<N>/cisファイルへの書き込みが禁止されます。

⊙ reconfiguration of serial port IO

ioctlのTIOCSSERIALが禁止されます。これはUARTなどのシリアルポートにおけるボーレートなどの設定ができなくなります。

⊙ unsafe module parameters

モジュールパラメータの使用が禁止されます。モジュールをロードするときに設定するパラメータと、カーネルブートパラメータで設定するモジュールパラメータが使用禁止となります。

◉ unsafe mmio

x86アーキテクチャにおける**testmmiotrace**モジュールの利用が禁止されます。MMIO（Memory Mapped I/O）へのアクセスをトレースする**mmiotrace**モジュールがあり、**testmmiotrace**モジュールは、この**mmiotrace**をテストするためのものです。

ロードと同時に任意のMMIOアドレスに書き込みをします。そのためロードしても動作しないようになります。

◉ debugfs access

debugfsの使用を禁止します。通常は**/sys/kernel/debug**にマウントされています。

◉ xmon write access

PowerPCアーキテクチャにおけるxmonカーネルデバッガでの書き込みを禁止します（読み込みは可能）。

9.3.2 confidentiality

ここまでが**integrity**で禁止される機能です。これらは先述のとおり**confidentiality**でも禁止される機能ですが、以下の機能は**confidentiality**を設定した場合のみ禁止されます。

◉ /proc/kcore access

/proc/kcoreへのアクセスを禁止します。**/proc/kcore**はカーネルダンプそのもので、カーネル内のデータが含まれます。

◉ use of kprobes

kprobesの使用を禁止します。

◉ use of bpf to read kernel RAM

bpftraceや**bcc-tools**で使われるeBPFによる**kprobes**、**tracefs**（**/sys/kernel/tracing**配下）へのアクセス、カーネル内部データの読み取り（BPFのABIである**bpf_probe_read()**と**bpf_probe_read_str()**）が禁止されます（eBPFについては12.5節を参照）。

◉ unsafe use of perf

`perf`の使用が禁止されます。

◉ use of tracefs

`tracefs`の使用が禁止されます。一般に`/sys/kernel/tracing`が`tracefs`でマウントされています。

◉ xmon read and write access

PowerPCアーキテクチャにおけるxmonカーネルデバッガでの読み込みと書き込みが禁止されます。

◉ xfrm SA secret

IPsec XFRMの xfrm_state[※4]にあるキー出力を0にして、参照できないようにします。`ip xfrm state`コマンドでAEAD（Authenticated Encryption with Associated Data）などのアルゴリズムキーを確認できますが、キーの出力部分はすべて0になります。なお、これはFIPS（Federal Information Processing Standard：米国連邦情報処理規格）140-2規格でも要求されています。

　当然ながらLOCKDOWNだけで十分なセキュリティ対策とはなりませんし、現状のLOCKDOWNによる禁止事項だけでは不足している可能性があります。

　例えばTEE環境のセキュアワールドへのアクセス禁止などは別に検討しなければなりません。しかしLOCKDOWNにより多くのデータは保護されるようになるため、LOCKDOWNの検討、有効化が推奨されます。

9.4 ‖ memfd_secret

Linux 5.14から新しいシステムコールである`memfd_secret()`が追加されました。

　`memfd_secret()`は、そのプロセスだけがアクセスできる秘密メモリ領域を作成します。この秘密メモリ領域はカーネルでさえもアクセスできません。

※4：SA（Security Association）に相当する機能。

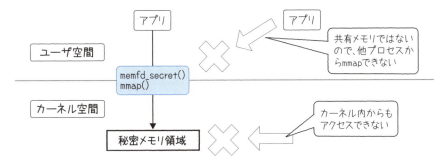

図9.10　memfd_secret()の仕組み

使用するにはCONFIG_SECRETMEM=yが必要です。しかしこれだけでは使用できません。カーネルのブートパラメータにsecretmem.enable=1を設定して、はじめて使用できるようになります。

9.4.1　使用方法

memfd_secret()は、以下のようにftruncate()でサイズを設定しmmap()をして利用します。

```
fd = memfd_secret(0);
ftruncate(fd, MAP_SIZE);
ptr = mmap(NULL, MAP_SIZE, PROT_READ | PROT_WRITE,
           MAP_SHARED, fd, 0);
```

mmap()により、カーネル内部でダイレクトマッピングは解除され、再度マップされるのを防ぐようになっています。そのため秘密メモリ領域のポインタはシステムコールでは使用できませんし、DMA操作にも使用できません。

◉ その他の特徴

秘密メモリ領域を利用中のプロセスが存在する場合は、ハイバネーションができません。秘密メモリ領域をディスクなどに書き込まないようにするためです。

秘密メモリ領域はロック（スワップされないようにする）されますが、これはmlock()とは別の仕組みでロックされています。この都合で、秘密メモリ領域にmlock()は使用できませんが、そもそも使用する必要はありません。

memfd_secret()を実行したプロセスが何らかの理由によりコアダンプを出力した場合、秘密メモリ領域はコアダンプに含まれません。コアダンプはカーネルが作成し

ますが、カーネル内部で秘密メモリ領域はコアダンプに含めないようにしています。

9.4.2 使用用途

　コミュニティでは暗号化キーや秘密鍵などを秘密メモリ領域に保存できるとしています。このように秘密メモリ領域には大きなデータではなく、鍵などの小さいデータを保存するのがよいでしょう。

　また、本章の初めに、OP-TEEで復号したデータをLinux側に渡さないのが推奨と説明しましたが、複合したデータをLinux側で扱う場合もあります。具体例は記載しませんが、このような場合は`memfd_secret()`を使うとよいでしょう。

　公開したくないデータはOP-TEE内で処理したり、TPMのようなセキュリティチップに保存するべきですが、そのような仕組みがないシステムではディスクやメモリ上に置かずに、`memfd_secret()`に保存しましょう。

第 10 章

仮想化①：ハイパーバイザ

10.1 ハイパーバイザとは？

ハイパーバイザとは、**ハードウェア仮想化**（プラットフォーム仮想化）で利用される、仮想マシンを作成／管理する機能の1つです。VMM（Virtual Machine Monitor）と呼ばれることもあります。

10.1.1 ハイパーバイザの種類

ハイパーバイザにはいくつか種類があり、以下の特徴があります。

◉ ホスト型（Type-2）

ホストOSと呼ばれる何らかのオペレーティング・システム（OS）がハードウェア上で稼働し、さらにその上でハイパーバイザや別のOS（ゲストOS）が稼働します。

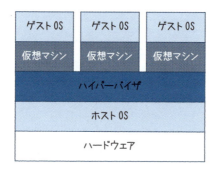

図10.1 ホスト型ハイパーバイザ

ホスト型の特徴は、**導入が比較的楽（アプリケーションのインストールを行う操作と同じ作業）**であることです。運用中の既存のホストOSを変更せずに扱えるアドバンテージは魅力的です。

しかし一方で、**ホストOSが存在するためのオーバーヘッドが発生する**ことには注意が必要です。これは、ハイパーバイザが直接ハードウェアを触るのではなくホストOSを介して操作されるためです。ホスト型に代表されるハイパーバイザには、VirtualBoxやVMWare Workstationなどがあります。

● ベアメタル型（Type-1）

ホスト型と比較してベアメタル型の大きな違いはホストOSの存在です。ホストOSが存在しないため、ハイパーバイザが直接ハードウェアを触ることができ、パフォーマンス面でアドバンテージがあります。

図10.2　ベアメタル型ハイパーバイザ

また、ホストOSが存在しないため、仮想マシンを管理・運用する専用のOSが必要となります。ベアメタル型に代表されるハイパーバイザには、VMWare ESXiやXen、本書で紹介するKVM（Kernel-based Virtual Machine）などがあります。

10.1.2　完全仮想化と準仮想化

ハイパーバイザですべてのエミュレーションを行うにはコストが非常に大きく、意図したパフォーマンスが得られません。そこで、ハイパーバイザには仮想化の手段として完全仮想化と準仮想化という2種類の手法が存在します。

● 完全仮想化

CPUやメモリ、周辺機器すべてのハードウェアがエミュレーションされます。そのため、ゲストOSに変更を加えることなく仮想化が可能です。また、異なるアーキテクチャの仮想マシンも作成することが可能です。

● 準仮想化

完全仮想化によりすべてのハードウェアをエミュレーションすることは、コストが非常に大きく、期待したパフォーマンスが得られません。そこで仮想化のオーバーヘッドを減らすために、ゲストOSやドライバへ変更を加えてパフォーマンスを向上させます。KVMではVirtioがそれに該当します。詳細は10.5節を参照してください。

◉仮想化支援機構

それ以外にも、パフォーマンス向上という観点からCPUには**ハードウェアアクセラレータ**が内蔵されています。Intel社のCPUではVT-x、AMD社ではAMD-Vと名前は異なりますが、それぞれ同じ機能を指しています。

10.2 使い方

本節では、ArchLinuxを例に、実際に仮想マシンモニタの導入を進めていきます。

Linuxでは前節で述べたホスト型とベアメタル型の両方で利用できますが、パフォーマンスの観点からベアメタル型のKVMがより広く利用される傾向があるようです。そのため、本書ではKVMでの利用シーンを想定して説明していきます。

KVM（Kernel-based Virtual Machine）は、Linuxカーネルをハイパーバイザとして扱うことを可能にする機能です。KVMは、一般的なLinuxディストリビューションであれば、標準で利用できるようにローダブルなカーネルモジュールとして提供されています。

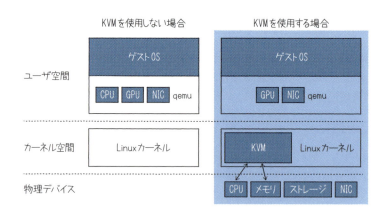

図10.3　KVM

KVMはあくまで仮想CPUの提供や仮想メモリの変換などを行う機能であり、仮想マシンに必要なその他のハードウェアは用意されていません。つまり、ソフトウェアで処理していたものをハードウェア処理するアクセラレータのような働きをするものだとイメージすればよいでしょう。

そのため、KVMは単体ではなく、QEMUと一緒に利用されるのが一般的です。QEMUはエミュレータであり、さまざまなハードウェアのエミュレーションを行うソフトウェアです。また、他にも異なるCPUアーキテクチャ向けの実行ファイルを動作させるユーザモードエミュレーションなども提供しています（QEMUの詳細は本章の範囲外なので割愛します。気になる方は https://qemu-project.gitlab.io/qemu/user/index.html を参照してください）。

なお、KVMの実行にあたってはハードウェア仮想化支援機構が必要となります。ハードウェア仮想化支援機構に対応していない場合は対応したCPUやマザーボードが必要になります。ターミナルを開いて、次のコマンドで対応しているか確認してみましょう。このように「vmx」と表示されていれば対応しています。

```
$ lscpu|grep --color -o vmx
vmx
```

次はKVMが有効になっているかを確認しましょう。

```
$ lsmod|grep -i kvm
kvm_intel            442368  0
kvm                 1449984  1 kvm_intel
```

Intel製CPUの場合、kvmの他にkvm_intelがロードされているはずです。ロードされていない場合は、以下のコマンドを実行してカーネルモジュールをロードしましょう。

```
$ sudo modprobe kvm kvm_intel
```

次はQEMUを準備して起動します。パッケージマネージャを利用すると楽に導入できます。

```
$ sudo pacman -S qemu-full
$ qemu-system-x86_64 --cpu host --machine q35,accel=kvm --display gtk
```

ここで用いているQEMUのオプションは以下のとおりです。QEMUには他にも数多くのオプションがあるので、qemu-system-x86_64 --helpで確認してみてください。

- --cpuは仮想マシンのCPUを指定します。hostはホストマシンと同じCPUを表します
- --machineはエミュレートするマシンの種類を指定します。また、qemu-

`system-x86_64 --machine help`を実行するとサポートされるマシンの一覧が出力されます
- `--display`は映像出力をどのように扱うかを指定します。ホストマシンで表示する場合は、GTK（`gtk`）やSDL（`sdl`）が使えます。また、リモートから接続したい場合には`vnc`や`spice`が選択可能です

まだ起動するためのOSがインストールされたストレージがないので、何も起動しなかったはずです。試しに、Ubuntu 24.04のライブCDを起動してみましょう。https://jp.ubuntu.com/download からISOをダウンロードしてください。

```
$ pwd
/home/shohei/Downloads

$ curl -O https://releases.ubuntu.com/24.04/ubuntu-24.04-desktop-amd64.iso
```

ダウンロードが完了したらISOのパスを確認します。筆者の環境では`Downloads`ディレクトリに保存されているので、次のようにQEMUを起動します。

```
$ qemu-system-x86_64 --cpu host --machine q35,accel=kvm --display gtk ⏎
--cdrom ~/Downloads/ubuntu-24.04-desktop-amd64.iso
```

※誌面の都合上、⏎で改行しています。

しばらくすると、Ubuntuのログイン画面が確認できるはずです。ここでインストールに進みたいところですが、インストール先のストレージがまだ設定されていません。ストレージについては次節で解説します。

10.3 ┃ ディスク

10.3.1 ディスクイメージフォーマット

QEMUでは以下のディスクフォーマットがサポートされています。仮想マシンのパフォーマンスを求めるならRaw、スナップショットなどを利用したいならQCOW2と使い分けるとよいでしょう。

表10.1　ディスクイメージフォーマット

フォーマット名	概要
Raw	生のイメージファイル。圧縮やスナップショットなどがサポートされない代わりに、パフォーマンスにおいて利点がある。また、ブロックデバイス同様に各種ディスクユーティリティが利用できる。デメリットとしては、事前にフルアロケーションされるため動的にイメージサイズを増減できないことがある

QCOW2	スナップショットをサポートするイメージファイル。また、必要に応じてファイルサイズが増えるためディスクを圧迫しない（ディスク生成時に設定する上限値まで）。QCOW2をマウントするのは、カーネルモジュールnbdとqemu-nbdが必要になる
	・マウント
	
	```\n$ sudo modprobe nbd\n$ sudo qemu-nbd -c /dev/nbd0 path/to/disk/image\n$ lsblk -f\n$ sudo mount /dev/nbd0p1 /mnt\n```
	・アンマウント
	
	```\n$ sudo umount /mnt\n$ sudo qemu-nbd -d /dev/nbd0\n```

QED	古いQEMU向けディスクイメージフォーマット
VMDK	VMWare製品で利用されるイメージフォーマット
VHD	Hyper-Vで利用されるイメージフォーマット

　例えば、8GiBのQCow2形式のディスクイメージを作成する場合、以下のコマンドを実行します。

```
$ qemu-img create -f qcow2 ubuntu.qcow2 8G
```

　また、作成時の容量では足りなくなることもあるでしょう。いずれのフォーマットでも、ファイルサイズ（ディスク容量）の拡張がサポートされており、以下のコマンドで変更します。

```
$ qemu-img resize -f <フォーマット> <イメージファイル名> <ファイルサイズ>
```

　ただし、ディスクイメージの拡張だけでは利用可能な領域が変化しないため、パーティションとファイルシステムのリサイズが必要になります。拡張後、ライブイメージなどを使用してリサイズを行いましょう。もしくは、ホスト環境でも同様の作業を行うことが可能です。

```
$ qemu-img resize -f qcow2 ubuntu.qcow2 16G
$ sudo modprobe nbd
$ sudo qemu-nbd -c /dev/nbd0 ubuntu.qcow2
$ lsblk -f
NAME            FSTYPE      FSVER LABEL UUID                                  ⏎
FSAVAIL FSUSE% MOUNTPOINTS
nbd0
└─nbd0p1        ext4        1.0         52242cd2-051c-40b5-ae36-c580f3270a2e
```

※誌面の都合上、⏎で改行しています。

　この状態まで来たら、gpartedやfdiskなどのコマンドでパーティションとファイルシステムのリサイズを行えます[※1]。また、分散ファイルシステムもサポートされていますが本章では割愛します。また、分散ファイルシステムもサポートされていますが本書では割愛します。

10.3.2 ディスクキャッシュモード

QEMUでは以下のディスクキャッシュモードがサポートされています。

表10.2　ディスクキャッシュモード

モード名	概要
writeback（デフォルト）	ホストのページキャッシュを利用することで、高いパフォーマンスが期待できる。しかし、ゲストの書き込み完了はページキャッシュにある時点で完了と見なされるため、ブロックデバイスへの書き込みが遅れる可能性があり、停電時データを失う可能性が高くなる
writethrough	書き込みにホストのページキャッシュを利用せず、直接書き込みが行われる（読み込みにはホストのページキャッシュが利用される）
none	ホストのページキャッシュが利用されなくなる。ブロックデバイスによっては書き込みキューにデータが置かれたときに書き込み完了と見なす場合もあるため、ライトバックが発生する可能性がある。SSDなどのブロックデバイスをゲストへパススルーする場合に利用すると高いパフォーマンスが得られる
unsafe	writebackに似ているが、ゲストからのフラッシュコマンドはすべて無視される。つまり、ページキャッシュに書き込まれたデータがブロックデバイスへ書き込まれる保証がなくなる
directsync	ホストのページキャッシュはまったく利用されず、ブロックデバイスへの書き込みが完了したときにゲストは書き込み完了となる

　利用するには、以下のようなコマンドを実行します。

※1：ファイルシステムによっては縮小または拡張をサポートしないものもあるのでファイルシステムの選択にも注意が必要です。

```
$ qemu-system-x86_64 ... --drive file=ubuntu.qcow2,format=qcow2, ⏎
cache=writeback,media=disk,if=virtio
```

※誌面の都合上、⏎で改行しています。

cache=とformatには前述の値を目的に合わせて設定してください。ここまで進めればOSのインストールができ、使用することが可能となったはずです。

しかし、qemuのオプションは複雑であり、仮想マシンごとにすべて手動でオプションを調整するのは大変です。そこで、**libvirt**というソフトウェアを使用します。libvirtは仮想マシンの起動・終了や、ディスク、ネットワークなどを一括管理するためのライブラリおよびデーモンです。qemuの複雑なオプションを理解しなくても、簡単に管理する環境を構築することを可能にします。

10.3.3 ディスクパフォーマンスの向上

I/O処理を行うスレッドをCPUに固定化することで、ディスクパフォーマンスを向上させることができます。ただし、qemuはスレッド固定化にはデフォルトで対応していないため、先述のlibvirtが必要になります。

以下のコマンドで仮想マシンの設定ファイルを開き、設定を記述します。

```
$ virsh edit <仮想マシン名>
```

設定ファイルでは、<iothread>タグにIOスレッドに割り当てるスレッド数を記述します。次に<cputune>タグを記述し、その中に<iothreadpin>タグを記述してください。iothreadパラメータは固定対象のIOスレッド、cpusetは固定先CPUスレッドです。

```
<domain xmlns:qemu="http://libvirt.org/schemas/domain/qemu/1.0" type="kvm">
    ～省略～
    <iothreads>2</iothreads>
    <cputune>
        <iothreadpin iothread="1" cpuset="9"/>
    </cputune>
    ～省略～
</domain>
```

10.4 VFIO

VFIO（Virtual Function I/O）はLinux 4.1以降から利用可能で、**IOMMU**を利用した仮想マシンにPCIデバイス割り当てを行う機能（PCIパススルー）です。同様の機能を提供するpci-stubでも可能ですが、デバイス未使用時デバイスの電源状態をD3にできるという違いがあります。

VFIOでデバイスをパススルーする場合、**IOMMUグループ**単位でアサインされます。

Linuxカーネルでは、カーネルモジュール**vfio-pci**として提供されており、

```
options vfio-pci ids=0000:0000,1111:1111
```

のように**vfio-pci**ドライバの**ids**オプションにPCIデバイスのベンダIDとプロダクトIDを指定して、利用します。

カーネルに組み込まれている場合は、カーネルのブートパラメータに**vfio-pci.ids=0000:0000,1111:1111**を追加します。ベンダIDとプロフダクトIDを「:」で区切り、複数指定する場合は「,」で区切ります。デバイスのベンダIDとプロダクトIDは**lspci -nvv**で確認できます。

また、KMS（Kernel Mode Setting）のため、その他のデバイスドライバ（radeonやi915など）をロードする場合、**vfio-pci**より先にロードされないように工夫する必要があります。これは、デバイスドライバがデバイスを握ってしまい、vfio-pciが利用できなくなるためです。

最後にQEMUのオプションに**--device vfio-pci,host=...**を付けて起動することで、仮想マシンにデバイスを割り当てることができます。

libvirtで利用する場合、以下の設定を仮想マシンの設定に追記してください。

```
$ virsh edit <仮想マシン名>
```

```
～省略～
<hostdev mode="subsystem" type="pci" managed="yes">
    <source>
        <address domain="0x0000" bus="0x0c" slot="0x00" function="0x0"/>
    </source>
    <address type="pci" domain="0x0000" bus="0x07" slot="0x00" ⏎
function="0x0" multifunction="on"/>
</hostdev>
～省略～
```

※誌面の都合上、⏎で改行しています。

10.4.1　VFIOの仕組み

◉ IOMMU

IOMMUはInput/Output Memory Management Unitの略であり、CPUのMMUと同じ役割を担っている機能です。デバイスが**DMA**（Direct Memory Access）をするときに、仮想アドレスと物理アドレスの変換を行ってくれます。また、不正なデバイスがDMAを行い、メモリ破壊を引き起こそうとする処理を防止する機能も提供しています。Intel製CPUではVT-d、AMD製CPUではAMD-Viと呼ばれます。

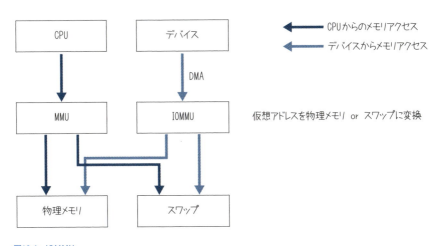

図10.4　IOMMU

● IOMMUグループ

IOMMUでは、デバイスを **IOMMUグループ** と呼ばれるデバイスをまとめた単位で割り当てを行います。IOMMUグループは、仮想マシンにアサインできる最小単位のデバイスセットです。

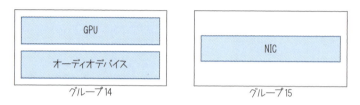

図10.5　IOMMUグループ

ビデオカードでは、次の例のようにオーディオデバイスとGPUで別々にデバイスが存在しています。

```
0c:00.0 VGA compatible controller: Advanced Micro Devices, Inc. ⏎
[AMD/ATI] Navi 14 [Radeon RX 5500/5500M / Pro 5500M] (rev c5)
0c:00.1 Audio device: Advanced Micro Devices, Inc. ⏎
[AMD/ATI] Navi 10 HDMI Audio
```

※誌面の都合上、⏎で改行しています。

通常、仮想マシンにビデオカードを割り当てるときはこの両方をパススルーするようにします（片方だけパススルーすることも可能です）。大抵の場合、コントローラとオーディオデバイスは同じグループになっています。

● コンテナ

コンテナは上で述べたグループをさらにまとめたものです。

図10.6　コンテナ

10.5 VirtIO

VirtIOとは、Linuxカーネルにおける準仮想化ドライバの総称です（準仮想化については10.1.2項を参照）。仮想マシン上で動くゲストOSのカーネルに組み込まれ、ハイパーバイザによって作成された仮想デバイスとともに使用されます。ゲストOSへの修正が必要になりますが、完全仮想化と比べてパフォーマンスが期待できます。

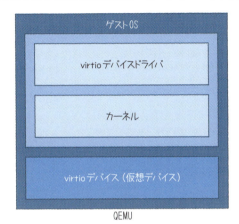

図10.7　VirtIO

VirtIOドライバとして、ブロックデバイスドライバからGPUドライバまで、さまざまなデバイスドライバが提供されています。Linux 6.1.0では以下のデバイスドライバがKconfigにより有効化され、使用可能となっています。

表10.3　VirtIO

カーネルモジュール名	Kconfigの値	概要
virtio_pci	CONFIG_VIRTIO_PCI	PCI向けの準仮想化ドライバを有効化する
virtio_balloon	CONFIG_VIRTIO_BALLOON	仮想マシンのメモリを増減させる準仮想化ドライバを有効化する
virtio_mem	CONFIG_VIRTIO_MEM	仮想マシンのメモリ量を動的に変更させる準仮想化ドライバを有効化する。VIRTIO_BALLOONとの違いは、メモリの縮小もサポートする点。現在、x86_64とaarch64のみが試験的にサポートされている
virtio_rng	CONFIG_HW_RANDOM_VIRTIO	ハードウェア乱数生成器の準仮想化ドライバを有効化する
virtio_input	CONFIG_VIRTIO_INPUT	キーボードやマウス、タッチスクリーンなどのHID向けの準仮想化ドライバを有効化する
virtio_mmio	CONFIG_VIRTIO_MMIO	メモリマップドIO用の準仮想化ドライバを有効化する
virtio_gpu	CONFIG_DRM_VIRTIO_GPU	GPU用準仮想化ドライバを有効化する。virgl（QEMU上で、ホストGPUを使用して3Dレンダリングを高速化する仕組み）と組み合わせることにより、ゲストOS上でGPUアクセラレーションが利用可能になる
virtio_net	CONFIG_VIRTIO_NET	ネットワーク用準仮想化ドライバを有効化する
virtio_blk	CONFIG_VIRTIO_BLK	ブロックデバイス用準仮想化ドライバを有効化する。/dev/vd*のようなデバイス名になる
virtio_console	CONFIG_VIRTIO_CONSOLE	シリアルコンソール用準仮想化ドライバを有効化する

10.5.1 VirtIO の利用方法

準仮想化ドライバを使用するには対応するデバイスを QEMUで有効にし、ゲスト OS上でそのデバイスに対応したドライバをロードする必要があります。

例えばNICを準仮想化する場合、以下の手順を踏みます。

● virtio_netデバイスをQEMUで有効化する

以下のコマンドを実行します。<id>には一意な任意の文字列を指定します。

```
$ qemu-system-x86_64 ... --netdev tap,id_<id> --device virtio-net- ⏎
pci,netdev=<id> ...
```

※誌面の都合上、⏎で改行しています。

● KconfigでCONFIG_VIRTIO_NETを有効にしたカーネルを持つ ゲストOSを起動する

一般的なディストリビューションであればデフォルトでvirtioドライバ群が有効になっており、OS起動時にsystemdにより適切なカーネルモジュールが自動的にロードされます。

手動でロードする場合、表10.3にあるカーネルモジュールをmodprobe <カーネルモジュール名>コマンドやinsmod <カーネルモジュールのパス>コマンドでロードします。

以下のコマンドで、仮想NICが通常のNIC同様に使用可能だということがわかります。

```
$ ip a
  1: lo: <LOOPBACK,UP,LOWER_UP> mtu 65536 qdisc noqueue state UNKNOWN ⏎
group default qlen 1000
        link/loopback 00:00:00:00:00:00 brd 00:00:00:00:00:00
        inet 127.0.0.1/8 scope host lo
           valid_lft forever preferred_lft forever
        inet6 ::1/128 scope host
           valid_lft forever preferred_lft forever
  2: eth0: <BROADCAST,MULTICAST,UP,LOWER_UP> mtu 1500 qdisc mq state UP ⏎
group default qlen 1000
        link/ether 00:0d:3a:a2:bf:bc brd ff:ff:ff:ff:ff:ff
        inet 192.168.1.2/24 metric 100 brd 192.168.1.255 scope global eth0
           valid_lft forever preferred_lft forever
        inet6 fe80::20d:3aff:fea2:bfbc/64 scope link
           valid_lft forever preferred_lft forever
```

※誌面の都合上、⏎で改行しています。

10.5.2 VirtIO の仕組み

● Virtqueue

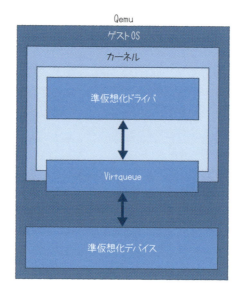

図10.8　Virtqueue

VirtIOでは**Virtqueue**と呼ばれるキューを用いて、仮想マシンとハイパーバイザ間のやりとりを行っています。仮想マシンのメモリの一部を共有することで、双方向の読み書きを実現しています。

図10.9　双方向の読み書きの実現

仮想デバイスごとに1つ以上のVirtqueueを持っており、virtio-netでは送信用と受信用で2つのVirtqueueが利用されています。

● Vring

Virtqueueを実現するための実装の1つに**Vring**と呼ばれるものがあります。これはリングバッファを用いて実装されています。

> **note**
>
> リングバッファとは、データを溜めておくバッファの一種です。バッファの終端までデータを書き込んだあと、次に書き込まれるデータがバッファの先端に書き込まれます。循環するような動作からリングバッファと呼ばれています。
>
>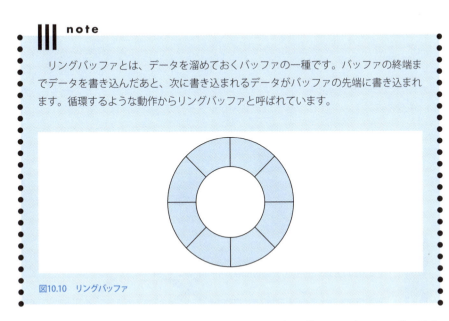
>
> 図10.10　リングバッファ

Vringはvring_desc、vring_avail、vring_usedという3つのバッファディスクリプタから構成されています。バッファディスクリプタとは、バッファのアドレスや長さ・オプションなどが記述されたデータです。

struct vring_descには、ゲストから転送するデータの物理アドレスと長さが書かれています。flagパラメータによって、参照先のデータへのR/Wの制限（書き込みのみもしくは読み込みのみ）をかけることができます。struct vring_availには、利用可能なバッファディスクリプタが書かれています。

10.6 CPU Affinity

10.6.1 CPU Affinity とは？

通常、プロセスやスレッドは、カーネルのタスクスケジューラによって自動的に任意のCPUコアで実行されます。例えば、図10.11のスレッド1はコア1で処理されていますが、次の処理ではスレッド1はコア2で処理が行われています。これはCPUスケジューラによるものであり、どのコアでスレッドが実行されるかは不定です。

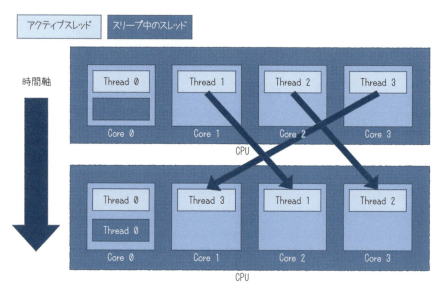

図10.11　通常のスレッドが実行される様子

CPU Affinityとは、そのように本来自動的に選択されるCPUコアを、ユーザが指定する任意のコアで実行させることをいいます。（図10.12）

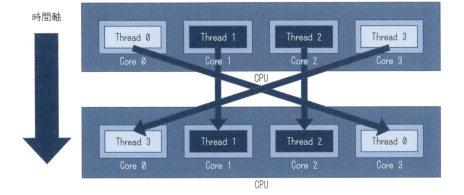

図10.12　CPU Affinity

LinuxにおいてCPU Affinityを設定するには、`sched_setaffinity()`関数を用います。

10.6.2　CPU Affinity の利点

　CPU Affinityを設定することにより、仮想マシンのパフォーマンスの向上が見込めます。

　タスクスケジューラによってスレッドの切り替えが行われると、ステート情報（レジスタの値など）がスタックへ退避されるため、コンテキストスイッチのオーバーヘッドが発生します。またCPUコアをまたぐ場合、ステート情報のコピーが必要になるのでさらにオーバーヘッドが増えます。CPU Affinityを設定することでCPUコア間でのオーバーヘッドを抑制することが可能となるため、QEMUのパフォーマンスを向上させることができます。

　また、さらにパフォーマンスを向上させることも可能です。CPUコア中のコンテキストスイッチをなくすためにCPUコアそのものをLinuxカーネルの管理下から切り離し、単一スレッドをCPUコアにアサインすることも可能です（詳細は「10.6.4項CPUコア分離」を参照）。

10.6.3　QEMU での利用

本機能はQEMUでは提供されていないので、利用する場合**libvirt**が必要になります。libvirtで仮想マシンを作成したあと、以下の設定を追加することでCPU Affinityの設定が可能になります。

まず、次のコマンドを実行します。<仮想マシン名>は環境に合わせて変更してください。

```
$ virsh edit <仮想マシン名>
```

> **note**
>
> <仮想マシン名>の一覧は、`virsh list --all`コマンドを実行することで確認できます。
>
> ```
> $ virsh list --all          × 130
>  Id   Name                State
> -------------------------------------
>  2    archlinux-aarch64   running
> ```

標準のエディタで設定ファイルが開かれるので、<domain>タグの直下に<cputune>タグを記述し、その中に<vcpupin>タグを記述してください。

```
<domain xmlns:qemu="http://libvirt.org/schemas/domain/qemu/1.0" type="kvm">
   ...snip...
   <cputune>
      <vcpupin vcpu='0' cpuset='0'/>
      <vcpupin vcpu='1' cpuset='1'/>
   </cputune>
   ...snip...
</domain>
```

上記の設定は、仮想マシンの仮想CPU0をホストマシンのCPUコア0に、仮想CPU1をホストマシンのCPUコア1に固定する設定です。

この設定をlibvirtがパースし、`sched_setaffinity()`が呼ばれてスレッドが固定されます。

10.6.4 CPU Isolation

CPU Affinityと組み合わせることにより、さらなるパフォーマンスの向上が見込める機能があります。それが、**CPU Isolation**という機能です。これは、LinuxカーネルからCPUを分離し、未使用状態にします。この未使用コアをQEMUのスレッドに割り当てることで、コンテキストスイッチをなくすことが可能となり、パフォーマンスの向上が図れます。

Linuxカーネルパラメータに分離したいCPUコアを指定します。下記の例では、CPUのコア0と1を分離しています。

```
root=UUID=.... rw isolcpus=0,1
```

第 11 章

仮想化②：コンテナ型仮想化

コンテナ型仮想化は仮想化技術の1つです。仮想化技術には主に次の2つの種類があります。

・ハードウェア仮想化（プラットフォーム仮想化）
・コンテナ型仮想化（オペレーティングシステムレベル仮想化、リソース仮想化）

ハードウェア仮想化については第10章で説明しているので、本章ではコンテナ型仮想化について説明します。

11.1 コンテナ型仮想化の基礎

コンテナ型仮想化ではコンピュータ全体を仮想化するのではなく、OSの機能を仮想化します。

この仮想化方式ではコンピュータ全体をエミュレートするわけではないので、ホストとゲストは同じCPUアーキテクチャである必要があります。また、ハードウェア仮想化と違いホストとゲストで違うOSを利用することができません。Linuxでコンテナ型仮想化を利用する場合、ホストとゲストはLinuxである必要があります。ホストがLinuxでゲストがWindowsという使い方はできませんが、利用するLinuxディストリビューションはホストとゲストで違ってもかまいません。

11.1.1 コンテナ型仮想化の仕組み

コンテナ型仮想化の仕組みを簡単に図にすると次のようになります。コンテナ管理システム（Dockerなど）がコンテナランタイムを利用し、コンテナランタイムがカーネルの機能を利用して実際の仮想化を行います。

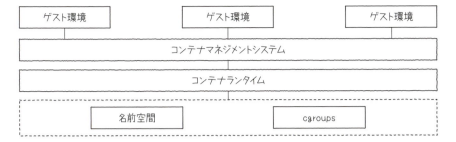

図11.1 コンテナ型仮想化のイメージ

　Linuxでのコンテナ型仮想化は、コンテナで利用できるメモリやCPUなどのリソースに関する制限を行うcgroup（11.5節）、ファイルシステムやネットワークをホストと分離するNamespaces、ファイルシステムをレイヤ構造にするためのOverlayFS／devicemapper／btrfsなど、さまざまな機能を利用して実現しています。

11.1.2　コンテナ型仮想化の応用技術

　コンテナ型仮想化では、ホストのCPUアーキテクチャとは別のアーキテクチャのコンテナを実行することもできます。これを行うには、カーネルの**binfmt_misc**という機能を有効にします。

　この機能を有効にするにはsystemdのproc-sys-fs-binfmt_misc.mountサービスを起動させます。この機能とqemu-user-staticパッケージを組み合わせることで、x86_64アーキテクチャ上でaarch64のコンテナを実行できます。

　以下の例におけるホストは、x86_64アーキテクチャのUbuntu 22.04です。

```
$ uname -a
Linux ubuntu2204 5.15.0-46-generic #49-Ubuntu SMP Thu Aug 4 18:03:25 UTC ⏎
2022 x86_64 x86_64 x86_64 GNU/Linux
```

※誌面の都合上、⏎で改行しています。

　そして、arm64版のAlpine LinuxをDockerで動かしてみます。

```
$ sudo docker run -it --rm arm64v8/alpine:3.16 /bin/sh
Unable to find image 'arm64v8/alpine:3.16' locally
3.16: Pulling from arm64v8/alpine
9b18e9b68314: Pull complete
Digest: sha256:ed73e2bee79b3428995b16fce4221fc715a849152f364929cdccdc83db5f ⏎
3d5c
Status: Downloaded newer image for arm64v8/alpine:3.16
WARNING: The requested image's platform (linux/arm64/v8) does not match the ⏎
detected host platform (linux/amd64) and no specific platform was requested
/ # uname -a
Linux ca8fa14b76fa 5.15.0-46-generic #49-Ubuntu SMP Thu Aug 4 18:03:25 UTC ⏎
2022 aarch64 Linux
```

※誌面の都合上、⏎で改行しています。

Dockerコンテナ内での uname -a の出力より、Linuxカーネルがaarch64版となっており、aarch64アーキテクチャと認識されていることが確認できます。

11.2 名前空間（Namespaces）

本節では、Linuxのコンテナ型仮想化を実現する仕組みの1つである名前空間について説明します。

Linux 5.15を利用しているUbuntu 22.04のmanページ（man 7 namespaces）[1]では、次の8つの名前空間が記載されています。

- Cgroup
- IPC
- Network
- Mount
- PID
- Time
- User
- UTS

※1：https://manpages.ubuntu.com/manpages/jammy/en/man7/namespaces.7.html

11.2.1 名前空間とは？

名前空間とは、Linuxカーネル内のグローバルなリソースを管理する仕組みです。名前空間によって管理されるリソースはメモリやCPUなどの物理的なリソースではなく（これらは後述するcgroupsが管理します）、プロセスID（**pid**）、ユーザID、ファイルシステムのマウントポイントなどのデータです。

Linuxでは、先に示した8つの名前空間それぞれにデフォルトの名前空間が存在します。Linuxでは、pid 1から始まってさまざまなプロセスが作られるわけですが、子プロセスは親プロセスが利用する名前空間を利用します。pid 1のプロセスはデフォルトの名前空間を利用します。そのため、何も指定しなければすべてのプロセスはデフォルトの名前空間を利用することになります。

コンテナ型仮想環境では他のプロセスと環境を隔離するために、親プロセスから引き継いだ名前空間をそのまま利用するのではなく、コンテナ固有の名前空間を作成します。そして、コンテナでは新しく作成した名前空間を利用します。

例えば、新しくPID名前空間を作成した場合、そのコンテナの中で最初に起動するプロセスのpidは1、その次に起動するプロセスのpidは2というように、pidがまた1から付与されるようになります。

11.2.2 名前空間の移動

既存の名前空間から新しい名前空間を作成して移動すると、親プロセスや親プロセスと同じ名前空間に所属するプロセスとはリソースの見え方が変わります。名前空間を移動したプロセスは親プロセスが所属する名前空間とは別のリソースを使うためです。

名前空間の移動方法には2種類の実現方法があります。

1つは、図11.2のように所属する名前空間によって完全に分ける方法です。この図ではUTS名前空間が2つあり、それぞれの名前空間に属するプロセスの名前空間は独立しています。

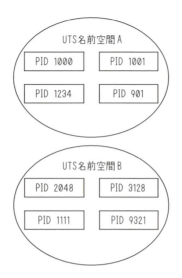

図11.2 所属する名前空間によって完全に分離する

　もう1つは図11.3のようになります。この図ではデフォルトのPID名前空間としてPID名前空間Aがあり、PID名前空間BとPID名前空間Cは、PID名前空間Aに含まれつつも、それぞれ独立したPID名前空間を持っています。そのため、PID名前空間BとPID名前空間Cに属するプロセス間には直接的な関連はありませんが、PID名前空間Aの視点からは、どちらのプロセスもPID名前空間Aの一部として認識されます。このように、UTS名前空間のように元の名前空間から完全に分離された名前空間がある一方で、PID名前空間のように元の名前空間の中に新しい名前空間を作成し、その新しい名前空間からは元の名前空間と独立した名前空間として扱えるものもあります。

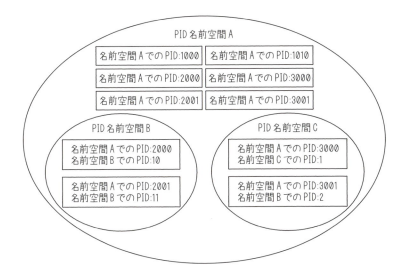

図11.3　名前空間を分離していないプロセスを持つ状態

プロセスが利用している名前空間は/proc/<pid>/nsディレクトリで確認することができます。例えば、pid 1であるsystemdが利用している名前空間は次のようになっています。

```
# ls -la /proc/1/ns/
total 0
dr-x--x--x 2 root root 0 Aug 25 10:51 .
dr-xr-xr-x 9 root root 0 Aug 25 10:51 ..
lrwxrwxrwx 1 root root 0 Aug 25 10:51 cgroup -> 'cgroup:[4026531835]'
lrwxrwxrwx 1 root root 0 Aug 25 10:54 ipc -> 'ipc:[4026531839]'
lrwxrwxrwx 1 root root 0 Aug 25 10:52 mnt -> 'mnt:[4026531841]'
lrwxrwxrwx 1 root root 0 Aug 25 10:54 net -> 'net:[4026531840]'
lrwxrwxrwx 1 root root 0 Aug 25 10:54 pid -> 'pid:[4026531836]'
lrwxrwxrwx 1 root root 0 Aug 25 10:54 pid_for_children -> 'pid:[4026531836]'
lrwxrwxrwx 1 root root 0 Aug 25 10:54 time -> 'time:[4026531834]'
lrwxrwxrwx 1 root root 0 Aug 25 10:54 time_for_children -> 'time:[4026531834]'
lrwxrwxrwx 1 root root 0 Aug 25 10:54 user -> 'user:[4026531837]'
lrwxrwxrwx 1 root root 0 Aug 25 10:54 uts -> 'uts:[4026531838]'
```

上記のlsコマンドの出力で'cgroup:[4026531835]'となっている部分の[]の中は**inode番号**です。プロセスがどの名前空間に所属しているかはこのinode番号で判別できます。

基本的にそれぞれの名前空間は独立しており、そのため「PID名前空間だけを使う」「MountとUTS名前空間のみを使う」などのように、特定の名前空間だけを使うこと

ができます。プロセスの作成時に名前空間の移動対象を指定しなかった名前空間は、親プロセスが利用している名前空間を利用します。 次のlsコマンドの出力は、名前空間を分離していないプロセスの名前空間の使用状況です。各名前空間のinodeは、先ほどのpid 1と同じinodeが利用されています。

```
# ls -la /proc/self/ns/
total 0
dr-x--x--x 2 root root 0 Aug 25 11:02 .
dr-xr-xr-x 9 root root 0 Aug 25 11:02 ..
lrwxrwxrwx 1 root root 0 Aug 25 11:02 cgroup -> 'cgroup:[4026531835]'
lrwxrwxrwx 1 root root 0 Aug 25 11:02 ipc -> 'ipc:[4026531839]'
lrwxrwxrwx 1 root root 0 Aug 25 11:02 mnt -> 'mnt:[4026531841]'
lrwxrwxrwx 1 root root 0 Aug 25 11:02 net -> 'net:[4026531840]'
lrwxrwxrwx 1 root root 0 Aug 25 11:02 pid -> 'pid:[4026531836]'
lrwxrwxrwx 1 root root 0 Aug 25 11:02 pid_for_children -> 'pid:[4026531836]'
lrwxrwxrwx 1 root root 0 Aug 25 11:02 time -> 'time:[4026531834]'
lrwxrwxrwx 1 root root 0 Aug 25 11:02 time_for_children -> 'time:[4026531834]'
lrwxrwxrwx 1 root root 0 Aug 25 11:02 user -> 'user:[4026531837]'
lrwxrwxrwx 1 root root 0 Aug 25 11:02 uts -> 'uts:[4026531838]'
```

次にunshareコマンドでuts名前空間を分離してみます。すると、uts名前空間のinodeのみが変化していることがわかります。

```
# unshare -u /bin/bash
# ls -la /proc/self/ns/uts
lrwxrwxrwx 1 root root 0 Aug 25 11:03 /proc/self/ns/uts -> 'uts:[4026532597]'
# ls -la /proc/self/ns
total 0
dr-x--x--x 2 root root 0 Aug 25 11:03 .
dr-xr-xr-x 9 root root 0 Aug 25 11:03 ..
lrwxrwxrwx 1 root root 0 Aug 25 11:03 cgroup -> 'cgroup:[4026531835]'
lrwxrwxrwx 1 root root 0 Aug 25 11:03 ipc -> 'ipc:[4026531839]'
lrwxrwxrwx 1 root root 0 Aug 25 11:03 mnt -> 'mnt:[4026531841]'
lrwxrwxrwx 1 root root 0 Aug 25 11:03 net -> 'net:[4026531840]'
lrwxrwxrwx 1 root root 0 Aug 25 11:03 pid -> 'pid:[4026531836]'
lrwxrwxrwx 1 root root 0 Aug 25 11:03 pid_for_children -> 'pid:[4026531836]'
lrwxrwxrwx 1 root root 0 Aug 25 11:03 time -> 'time:[4026531834]'
lrwxrwxrwx 1 root root 0 Aug 25 11:03 time_for_children -> 'time:[4026531834]'
lrwxrwxrwx 1 root root 0 Aug 25 11:03 user -> 'user:[4026531837]'
lrwxrwxrwx 1 root root 0 Aug 25 11:03 uts -> 'uts:[4026532597]'
```

このように、Linuxでは名前空間の分離を行わない場合は親プロセスの名前空間を引き継ぎ、名前空間の分離を行う場合も移動対象以外の名前空間は親プロセスの名前空間を引き続き利用します。

プロセスは個々の名前空間を選択して分離できますが、カーネルではプロセスが利

用する名前空間を管理するための**NSProxy**という構造体があり、この構造体が名前空間をグルーピングして管理します。

NSProxy構造体が名前空間のグルーピングを行っているイメージは、図11.4のようになります。

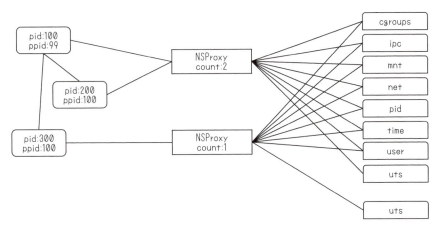

図11.4　NSProxy構造体による名前空間のグルーピング

11.2.3 名前空間のオペレーション

名前空間に関する操作は、プロセス生成時とプロセス生成後の2つのタイミングで行えます。

プロセス生成時には次のようなパターンがあります。

1. 親プロセスの名前空間を利用する
2. プロセス生成時に新しく名前空間を作りその名前空間を利用する

1.はデフォルトの挙動であり、特にユーザが行うことはありません。2.の場合は`clone()`を用いて新しく作成したい名前空間を指定してプロセスを作成します。

プロセス生成後に行える名前空間の操作としては、次の2通りがあります。

1. 新たに作成してその名前空間を利用する
2. 既存の名前空間を利用する

11.2.4 各名前空間の概要

◉ Cgroup名前空間

Cgroup名前空間はcgroupを名前空間ごとに管理するための機能です。この機能が導入される前はcgroupのルートディレクトリがシステムに1つだけ存在し、そこでリソースの管理を行っていました。Cgroup名前空間を利用すると仮想化対象のプロセスが所属するcgroupをルートとして、cgroupのルートディレクトリが作成されます。

◉ IPC名前空間

IPC名前空間はSystem V IPCオブジェクト、POSIXメッセージキューを管理します。これらのIPCリソースは同一の名前空間にあるリソースに対して通信を行うことができますが、別の名前空間にあるリソースとは通信できません。

◉ Network名前空間

Network名前空間はネットワークに関するリソースを管理します。この名前空間で管理されるリソースはネットワークデバイス、IPv4およびIPv6のプロトコルスタックなどです。NICは1つの名前空間にのみ所属させることができるため、1つのNICを複数の名前空間から使用する場合は仮想ネットワークデバイス（veth）にて別の名前空間へのネットワークブリッジを作成し、このブリッジを経由する必要があります。

◉ Mount名前空間

Mount名前空間はファイルシステムのマウントポイントを管理します。Mount名前空間を分離することで、同じストレージ上のファイルシステムであってもプロセス間で別のファイルシステム階層として扱うことができます。これにより、プロセスAがファイルシステムに対して行った変更がプロセスBには影響しないということが可能になります。

◉ PID名前空間

PID名前空間はPIDの管理を行います。この機能を使うことで、コンテナ内のプロセス番号をホスト側のプロセス番号と独立させることができます。PID名前空間を分離してプロセスを作成した場合でも、分離元となったPID名前空間からはそのPID名前空間の番号体系でプロセスを識別できます。

図11.5はPID名前空間Aを大元として、PID名前空間BとPID名前空間Cが存在する状態です。ここでは、PID名前空間Bのpid 10はPID名前空間Aではpid 1000となっています。さらにPID名前空間Bのpid 10はPID名前空間Dのpid 1でもあります。また、PID名前空間Cのpid 10はPID名前空間Aではpid 2010です。

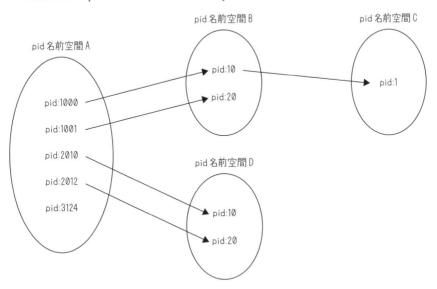

図11.5　PID名前空間

　このように、PID名前空間が違えば同じpid番号が存在します。ただし、分離元のPID名前空間上ではユニークなPIDが割り当てられるため、同一名前空間内でのPID番号の重複は発生しません。

> **note**
>
> 　カーネル起動時に設定されるデフォルトの名前空間を**init名前空間**といいます。init名前空間以外のPID名前空間に所属するプロセスがリブートやシャットダウンを行った場合、通常のリブート／シャットダウン処理は行いません。システムを再起動したり終了したりできるのは、init名前空間に存在するプロセスからのみとなっています。
> 　init名前空間に所属していないプロセスがリブートやシャットダウンを行った場合、カーネルはそのプロセスが所属しているPID名前空間のpid 1のプロセスにシグナルを送ります。そのためシステムのリブートやシャットダウンの処理は行われません。

◉Time名前空間

Time名前空間では、次の2種類のクロックが名前空間ごとに分離されています。

- CLOCK_MONOTONIC（CLOCK_MONOTONIC_COARSEとCLOCK_MONOTONIC_RAWの2つ
  も含む）
- CLOCK_BOOTTIME

CLOCK_MONOTONICは設定による変更を行えないクロックであり、ある開始時点から単調増加でクロックが増えていきます。このクロックはシステム管理者が手動で時間設定を変更したような場合でも影響を受けませんが、NTPによる時刻調整の影響を受けます。CLOCK_MONOTONIC_RAWはNTPなどの影響も受けません。

CLOCK_BOOTTIMEはシステムがサスペンドされていた時間も含むクロックです。

◉User名前空間

User名前空間は、ホストOS上でのユーザID／グループIDとコンテナでのユーザID／グループIDとのマッピングを行います。User名前空間の使い方としては、「コンテナ内ではホストOSでのroot権限を使わないようにすることで、セキュリティを強化する」というものが挙げられます。

次の例では、現在のユーザIDをrootユーザとしてマッピングし、ユーザ名前空間の分離を行ってからbashを実行しています。コンテナ内では自身のユーザID／グループIDはrootとなっており、ファイルを作成した場合もrootの所有となっています。

```
$ id
uid=1000(book) gid=1000(book) groups=1000(book),4(adm),24(cdrom),30(dip), ⏎
46(plugdev),122(lpadmin),134(lxd),135(sambashare),136(docker)
$ unshare -f -U --map-root-user /bin/bash
$ id
uid=0(root) gid=0(root) groups=0(root),65534(nogroup)
$ touch test.txt
$ ls -la test.txt
-rw-rw-r-- 1 root root 0 Sep 19 13:05 test.txt
```

※誌面の都合上、⏎で改行しています。

この状況で別のターミナルから同じファイルを見てみると、rootの所有ではなく、元のユーザの所有となっていることがわかります。

```
$ ls -la test.txt
-rw-rw-r-- 1 book book 0 Sep 19 13:05 test.txt
```

先の例では、ホストOS上でのuid 1000とgid 1000を、コンテナ内ではuid 0とgid 0となるようにマッピングしました。そのためコンテナ内では、rootとして作成したファイルもホストではuid 1000／gid 1000の所有として作成されています。

◉UTS名前空間

UTS名前空間は、ホスト名とNISドメイン名を分離します。次の例ではUTS名前空間を分離し、ホスト名にtesthostを設定しています。

```
$ sudo unshare -f -u /bin/bash
# uname -a
Linux ubuntu2204 5.15.0-46-generic #49-Ubuntu SMP Thu Aug 4 18:03:25 UTC ⏎
2022 x86_64 x86_64 x86_64 GNU/Linux
# hostname
ubuntu2204
# hostname testhost
# hostname
testhost
# uname -a
Linux testhost 5.15.0-46-generic #49-Ubuntu SMP Thu Aug 4 18:03:25 UTC ⏎
2022 x86_64 x86_64 x86_64 GNU/Linux
```

※誌面の都合上、⏎で改行しています。

このとき、別のターミナルからhostnameコマンドやunameコマンドを実行しても、この環境ではホスト名に変化がありません。

```
$ hostname
ubuntu2204
$ uname -a
Linux ubuntu2204 5.15.0-46-generic #49-Ubuntu SMP Thu Aug 4 18:03:25 UTC ⏎
2022 x86_64 x86_64 x86_64 GNU/Linux
```

※誌面の都合上、⏎で改行しています。

11.3 コンテナ型仮想化の周辺技術

コンテナ型仮想化ではNamespaceやcgroupsが中心となる技術ですが、それ以外にも使われている技術があります。本章ではそれらの技術について紹介します。

11.3.1 コンテナ管理

コンテナの管理を行うユーザランドのアプリケーションとしては、containerdやruncがあります。

containerdはLinuxとWindowsで動作するデーモンプログラムであり、コンテナイメージ、ボリュームの管理など、コンテナのライフサイクルを管理します。また、gRPCベースのAPIを提供し、Docker Engineなどのクライアントとの通信を行います。

runcはLinuxで動作するCLIツールであり、コンテナを生成および実行します。コンテナ型仮想化に関連する技術の中ではLinuxカーネルに最も近いところに位置します。

containerdとruncはそれぞれ独立したプロジェクトですが、containerdの一部機能の実現にはruncが利用されています。コンテナ型仮想化を実現するアプリケーションとcontainerd、runcの関係は次の図のようになります。

図11.6　コンテナ化仮想化を実現するアプリケーションとcontainerd、runcの関係

コンテナ型仮想化を実現するアプリケーションはcontainerdのクライアントとしてgRPC経由でAPIを実行します。containerdは、呼び出されたAPIの内容に応じてruncのコマンドを実行します。

11.3.2 ストレージ管理

◉ overlayファイルシステム

overlayファイルシステムは、Dockerでも利用されているファイルシステムです。

overlayファイルシステムではlowerdir、uppderdir、workdir、そしてマウント先のディレクトリという4種類のディレクトリを指定してマウントします。これらのディレクトリがどのように使われるかを説明する前に、単純なコマンドで動作を確認してみましょう。

まず、準備としてlowerdirとして使うl1、l2、l3とuppderdirに使うu1、そしてworkdirとして使うworkdirに、マウント先となるmergedディレクトリを/tmpに作

成し、l1~l3のディレクトリにはファイルを置きます。l1とu1には内容の違う同名
のファイルを作ります。

```
$ mkdir /tmp/{l1,l2,l3,u1,workdir,merged}
$ echo "This is l1" > /tmp/l1/l1.txt
$ echo "This is l2" > /tmp/l2/l2.txt
$ echo "This is l3" > /tmp/l3/l3.txt
$ echo "test" > /tmp/l1/test.txt
$ echo "TEST" > /tmp/u1/test.txt
```

そして、mountコマンドを用いて、ファイルシステムをovelayに指定しマウント
を行います。

```
$ sudo mount -t overlay overlay -olowerdir=/tmp/l1:/tmp/l2:/tmp/l3, ⏎
upperdir=/tmp/u1,workdir=/tmp/workdir /tmp/merged
```

※誌面の都合上、⏎で改行しています。

すると、作成したファイルが/tmp/mergedディレクトリに存在することが確認で
きます。

```
$ ls /tmp/merged/
l1.txt   l2.txt   l3.txt   test.txt
```

ここでl3ファイルを変更してみます。すると/tmp/l3にあるl3.txtの内容は変わ
っていませんが/tmp/mergedにあるファイルは変更されています。

```
$ cat /tmp/merged/l3.txt
This is l3
$ sed -i 's/l3/L3/' /tmp/merged/l3.txt
$ cat /tmp/l3/l3.txt
This is l3
$ cat /tmp/merged/l3.txt
This is L3
```

/tmp/l1と/tmp/u1には同名のファイルがありますが、こちらはupperdirで指定
したu1にあるファイルの内容が見えています。

```
$ cat /tmp/merged/test.txt
TEST
```

このファイルも内容を変更してみます。

```
$ echo foobar > /tmp/merged/test.txt
$ cat /tmp/merged/test.txt
foobar
```

/tmp/mergedをアンマウントし、変更したファイルがどのようになっているかを確認すると、/tmp/mergedで行った変更が反映されています。l3.txtはマウント前には/tmp/u1ディレクトリに存在していませんでしたが、アンマウント後にファイルができています。test.txtはマウント前から存在していました。ファイルの内容は/tmp/merged/test.txtに対して行った変更が適用されています。

```
$ sudo umount /tmp/merged
$$ ls -l /tmp/merged/
total 0
$ cat /tmp/u1/l3.txt
This is L3
$ cat /tmp/u1/test.txt
foobar
```

lowerdirとして指定した/tmp/l1や/tmp/l3にあるファイルは変更されていません。

```
$ cat /tmp/l3/l3.txt
This is l3
$ cat /tmp/l1/test.txt
test
```

なぜこのような挙動になるかというと、overlayファイルシステムでは、lowerdirで指定したディレクトリへの操作はlowerdirに対して行われず、upperdirに対して行われるためです。このときのlowerdir、upperdir、mergedディレクトリの様子を図にすると次のようになります。

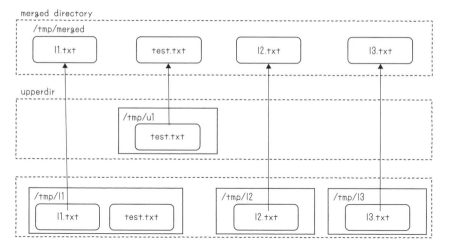

図11.7 overlayファイルシステムの様子

ここまで見てきたように、overlayファイルシステムでは次の4つのディレクトリを利用します。

- lowerdir：複数ディレクトリを指定することが可能。このファイルの変更などはこのディレクトリに対しては行われず、upperdirで指定したディレクトリに反映される。lowerdirとupperdirに同名のファイルがある場合は、upperdirのファイルが利用される
- upperdir：指定しないことも可能。指定しない場合はマウントポイントは読み込み専用となる
- workdir：overlayファイルシステムが内部的に利用する作業ディレクトリ
- mount point：lowerdir、upperdirを統合してマウントするマウントポイント

> **note**
>
> マウント時のオプションなど詳細については以下のURLを確認してください。
>
> - https://man7.org/linux/man-pages/man8/mount.8.html

● Dockerとoverlayファイルシステム

Ubuntu 22.04のdocker.ioパッケージ（バージョン 20.10.12-0ubuntu4）では、ストレージドライバとしてoverlayfsを利用しています。

任意のコンテナを起動してから別の端末でmountコマンドでマウント情報を確認すると、次のようにoverlayファイルシステムがマウントされているのが確認できます。

```
$ mount | grep overlay
overlay on /var/lib/docker/overlay2/2bb47e8cc93af81737c5ba11c7c35adc30b9211 ⏎
52a83dfe922e0f9db11fe045c/merged type overlay (rw,relatime,lowerdir=/var/ ⏎
lib/docker/overlay2/l/SX6MMJFONUJY27XLYAGFD2AH3V:/var/lib/docker/overlay2/ ⏎
l/JIT6B4I3TEUBSGAZXGRTEBIX5G,upperdir=/var/lib/docker/overlay2/2bb47e8cc93a ⏎
f81737c5ba11c7c35adc30b921152a83dfe922e0f9db11fe045c/diff,workdir=/var/lib/ ⏎
docker/overlay2/2bb47e8cc93af81737c5ba11c7c35adc30b921152a83dfe922e0f9db11f ⏎
e045c/work)
```

※誌面の都合上、⏎で改行しています。

Dockerのinspectオプションで起動しているコンテナの情報を表示し、ストレージに関する部分を見てみると次のようになっています。mountコマンドの実行結果と合致していることが確認できます。

```
"GraphDriver": {
    "Data": {
        "LowerDir": "/var/lib/docker/overlay2/2bb47e8cc93af81737c5ba11c7c35 ⏎
adc30b921152a83dfe922e0f9db11fe045c-init/diff:/var/lib/docker/overlay2/dcf8 ⏎
1a3d56a99f3bfb40707a384abb9e80a953c3550722d5aa63bbf40fef1f7c/diff",
        "MergedDir": "/var/lib/docker/overlay2/2bb47e8cc93af81737c5ba11c7c3 ⏎
5adc30b921152a83dfe922e0f9db11fe045c/merged",
        "UpperDir": "/var/lib/docker/overlay2/2bb47e8cc93af81737c5ba11c7c35 ⏎
adc30b921152a83dfe922e0f9db11fe045c/diff",
        "WorkDir": "/var/lib/docker/overlay2/2bb47e8cc93af81737c5ba11c7c35a ⏎
dc30b921152a83dfe922e0f9db11fe045c/work"
    },
    "Name": "overlay2"
},
```

※誌面の都合上、⏎で改行しています。

● ファイルアクセスの仕組み

紹介したように、overlayファイルシステムでは、lowerdirとupperdirに同じファイルがある場合、uppdierにあるファイルに対してアクセスが行われます。そのため、ファイルへアクセスする際は対象ファイルがupperdirとlowerdirのどちらにあるかを

調べる必要があります。その際、ファイルへのアクセスはupperdirが優先されるので、調べる順番はupperdir→lowerdirです。

また、lowerdirにあるファイルへの変更が行われる場合、lowerdirからupperdirにファイルのコピーが行われます。この処理はcopy upと呼ばれています。ファイルへのアクセスはupperdirにコピーしたファイルに対して行われます。lowerdirに対するファイルに対して書き込みを行う場合にはcopy up処理が行われますが、もし編集を保存せずに終了した場合はファイルの内容は変わりません。このようにoverlayファイルシステムではファイルに変更を行う際にはcopy up処理が行われ（すでにcopy upが行われていない場合）、lowerdirにあるファイルは変更しないようになっています。

図11.8はcopy up処理が行われる様子を示しています。図の左側がcopy up前で右側がcopy up後です。upperdirにファイルが作成され、overlayファイルシステム上ではlowerdirにあるファイルが隠されて、upperdirにあるファイルが見えるようになります。

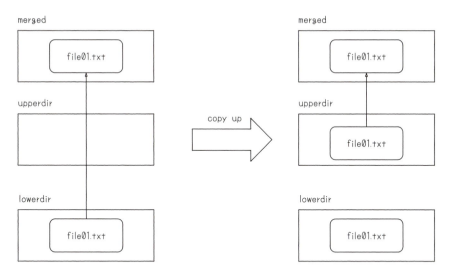

図11.8　copy up処理

●ファイル削除の仕組み

ファイルの削除には、overlayファイルシステム固有の仕様があります。overlayファイルシステムにおけるファイルの削除では、次のような3パターンが考えられます

1. lowerdirにのみ存在するファイルを削除
2. upperdirにのみ存在するファイルを削除
3. lowerdirとupperdir両方に存在するファイルを削除

上記のパターンのうち、2.の場合は、単純にファイルを削除するだけで済みます。しかし、1.と3.のパターンについては単純にファイルを削除するだけでは済みません。

例えば、図11.9のような状況でfile03.txtを削除することを考えてみます。file03.txtはlowerdirとupperdirに存在し、ユーザからはupperdirにあるfile03.txtが見えている状況です。

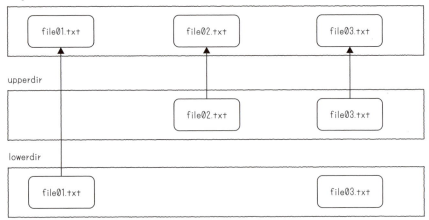

図11.9　想定する状況

ここでfile03.txtを削除したときには、lowerdirにあるfile03.txtがユーザに見えてはいけません（図11.10）。

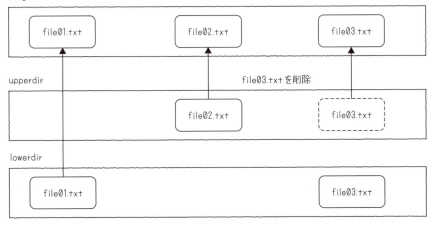

図11.10　file03.txtを削除したらlowerdirの内容が見えてはいけない

そこで、overlayファイルシステムではファイルを削除したことを示すファイルを作り（ホワイトアウトと呼びます）、ユーザにはファイルが見えないようにしています（図11.11）。

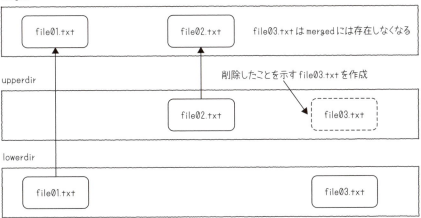

図11.11　ホワイトアウト

ファイルの移動や名前の変更などもlowerdirとupperdirで構成が変わるため、削除と同様にホワイトアウト処理が行われます。

> ファイルが見えないようにするために、overlayファイルシステムではホワイトアウトしたことを示すデータをinodeに設定します。その際、ファイルの種類は通常のファイルではなくキャラクタデバイスとなります。
> ファイルの種類はinode構造体の**i_mode**変数で確認できます。また、inode構造体の**i_rdev**変数にホワイトアウトしたことを示す値が設定されます。このような設定により、overlayファイルシステム上でディレクトリを走査するときなどにファイルがホワイトアウトされていればこのファイルを見せないようにしています。

11.4 コンテナのセキュリティ

コンテナ型仮想化におけるセキュリティ強化方法には、「コンテナ内で実行できるシステムコールを制限する」という方法があります。仮に攻撃者がコンテナ内にアクセスできたとしても、コンテナ内で利用できるシステムコールを制限することで、攻撃者が実行できる脅威となる行動を制限できます。

11.4.1 Linuxのシステムコールを制限する機能

システムコールを制限する機能はLinuxカーネルに実装されており、**seccomp**と呼ばれています。seccompはLinux 2.6.12にて登場し、その後も開発が進められています。Dockerはこの機能をサポートしており、コンテナ内で実行できるシステムコールを制限できます。

システムコールはコマンドラインのプログラム、ユーザが作成したWebアプリケーションなどさまざまなプログラムから実行されます。Linuxにはさまざまなシステムコールがありますが、中にはユーザのアプリケーションでは利用しないシステムコールも存在します。もしアプリケーションにバッファオーバーフローの脆弱性があり、攻撃者によってアプリケーションの実行が制御可能となった場合、実行ユーザの権限で任意のシステムコールを実行することができてしまいます。

seccompは、アプリケーションが実行できるシステムコールを制限することにより、攻撃者に任意のシステムコールを実行させないようにして、このような場合にも攻撃の影響を軽減します。

◉ seccompシステムコール

seccompは、アプリケーションからシステムコールを呼び出したときに、カーネル内でそのシステムコールを実行する前の段階で、呼び出そうとしたシステムコールを実行してよいかチェックします。そして、許可されていないシステムコールの場合にはエラーを返し、許可されているシステムコールならば実行を継続します（図11.12）。

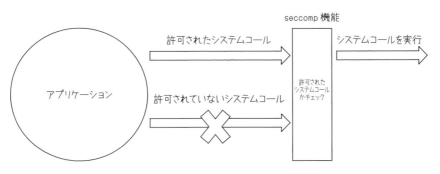

図11.12　seccomp

seccompを利用する場合、利用者はシステムコールの実行を制御するためにフィルタというデータを作成します。このデータの内容はBPFプログラムです。seccompシステムコールを直接利用するにはBPFプログラムも作成する必要があるため簡単に利用できるとは言いがたいのですが、seccompの利用を簡単にするためのライブラリとしてlibseccomp[※2]というものがあります。libseccompを利用すれば低レベルのBPFプログラムの作成も不要なので、seccompを利用したプログラムを作成する場合はこのライブラリを使うのがよいでしょう。

◉ フィルタの設定内容

seccompでフィルタを設定する際には、最低限、以下の内容を指定しなければなりません。

1. システムコールを制限するモード
2. 実行の許可／不許可を指定するシステムコール
3. システムコールが不許可対象だった際に行うアクション

◉ システムコールを制限するモード

seccompでは、システムコールを制限するために、`SECCOMP_SET_MODE_STRICT`と

※2：https://github.com/seccomp/libseccomp

SECCOMP_SET_MODE_FILTERという2つのモードのいずれかを指定します。

表11.1　システムコールを制限するモード

モード	内容
SECCOMP_SET_MODE_STRICT	実行可能なシステムコールとしてread()、write()、_exit()、sigreturn()のみを許可
SECCOMP_SET_MODE_FILTER	ユーザが任意のシステムコールを設定可能

　SECCOMP_SET_MODE_FILTERを利用する場合、システムコールに対するデフォルトの挙動として、以下のいずれかを設定します。

　　1.すべてのシステムコールを許可して特定のシステムコールのみを不許可
　　2.すべてのシステムコールを不許可として特定のシステムコールのみを許可

　どちらを選択するかはフィルタの作成者に任されます。

◉アクション

　seccompでは、呼び出されたシステムコールのチェック後に利用できるアクションとして、次の8個のアクションが用意されています。

　　1. プロセスを終了する
　　2. システムコールを実行したスレッドを終了する
　　3. シグナルを配送する
　　4. システムコールの戻り値としてエラーを返し、errnoにその値を設定する
　　5. ユーザ空間プログラムに通知する
　　6. ptraceベースのトレーサプログラムに通知する
　　7. ログだけ記録して実行を継続する
　　8. 実行を許可する

　上記のアクションのうち、5.と6.は

　・システムコールを制限したいアプリケーションとは別のプログラムを実行する
　・別のスレッドでカーネルからの通知を受け取るようにする

のいずれかを設定する必要があります。

◉ ログ出力

システムコールの実行を許可しなかった場合、seccompはデフォルトではログを出力しません。ログを出力したい場合は、システムコールseccomp()の引数に渡すフラグ変数にECCOMP_FILTER_FLAG_LOGを設定します。その場合、audit機能を利用してログ出力が行われます。

11.4.2 dockerで実行できるシステムコールを制限する

Dockerでは、デフォルトで実行可能なシステムコールを制限しています（詳細は「Seccomp security profiles for Docker[3]」を参照してください）。

この設定はユーザが変更できます。設定はJSONフォーマットのファイルに記載し、システムコールに対して許可／不許可の設定を行います。ここでは、デフォルトとしてシステムコール全般の実行を許可しつつ、mkdir()システムコールのみを禁止にしてみます。test.jsonというファイルを作り、以下の内容を設定します。

```
{
    "defaultAction": "SCMP_ACT_ALLOW",
    "architectures": [
        "SCMP_ARCH_X86_64",
        "SCMP_ARCH_X86",
        "SCMP_ARCH_X32"
    ],
    "syscalls": [
        {
            "name": "mkdir",
            "action": "SCMP_ACT_ERRNO",
            "args": []
        }
    ]
}
```

Dockerの実行時に--security-optオプションを付け、セキュリティ機能のオプションとして、seccompおよび作成したtest.jsonファイルを指定します。

```
$ docker run -it --rm --security-opt seccomp=./test.json alpine:latest /bin/sh
```

コンテナが起動したらmkdirコマンドを実行します。すると、次のように「Operation not permitted」というエラーメッセージが出て、mkdirコマンドが失敗します。

※3：https://docs.docker.com/engine/security/seccomp/

267

```
/ # uname -a
Linux f195359f1baa 5.15.0-53-generic #59-Ubuntu SMP Mon Oct 17 18:53:30 UTC ⏎
2022 x86_64 Linux
/ # mkdir foo
mkdir: can't create directory 'foo': Operation not permitted
```

※誌面の都合上、⏎で改行しています。

11.5 cgroup

cgroupはメモリやCPUなどのリソースに関する制限するカーネル機能です。現在、cgroupのバージョンとしてはv1とv2があります。執筆時点で主に使われているのはv1のようですが、Fedora 31やUbuntu 21.10、RHEL 9からはデフォルトでcgroup v2となっています。RHEL 8ではデフォルトでcgroup v1が使われていますが、RHEL 8.2以降ではcgroup v2が完全にサポートされています。

cgroup v2はv1の進化版であり、cgroup v1の改善のため全面的に書き換えられた実装です。そのため、今後はcgroup v2に置き換わっていくといえます。

ただ、実装は全面的に書き換えられたものの、使い方が大きく変更されたわけではありません。cgroup v1を使ったことがあれば、v2にはすぐになじめるはずです。cgroup v2はLinux 4.4から実装され、4.5でv2のインタフェースが公式となりました。そしてLinux 5.6で、cgroup v1にあったコントローラがcgroup v2でもそろいました。

> ### note
>
> 本書ではLinux 5.11を例に、cgroup v2の環境であることを前提とし、代表的なものや説明すべきものを扱います。また、解説中ではv1との違いを随時記載します。
>
> cgroup v2の環境であるかどうかは、**mount**コマンドで確認できます。
>
> ```
> $ mount | grep cgroup
> cgroup2 on /sys/fs/cgroup type cgroup2 (rw,nosuid,nodev,noexec, ⏎
> relatime,nsdelegate)
> ```
>
> ※誌面の都合上、⏎で改行しています。

11.5.1 cgroup のマウントポイントとコントローラ

cgroup v2では、マウントポイントは1つです。一方、v1では以下のようにコントローラごとにマウントされていました（一部省略）。

```
cgroup on /sys/fs/cgroup/cpuset type cgroup (rw,nosuid,nodev,noexec, ⏎
relatime,cpuset)
cgroup on /sys/fs/cgroup/freezer type cgroup (rw,nosuid,nodev,noexec, ⏎
relatime,freezer)
cgroup on /sys/fs/cgroup/misc type cgroup (rw,nosuid,nodev,noexec,relatime, ⏎
misc)
cgroup on /sys/fs/cgroup/cpu,cpuacct type cgroup (rw,nosuid,nodev,noexec, ⏎
relatime,cpu,cpuacct)
cgroup on /sys/fs/cgroup/net_cls,net_prio type cgroup (rw,nosuid,nodev, ⏎
noexec,relatime,net_cls,net_prio)
cgroup on /sys/fs/cgroup/blkio type cgroup (rw,nosuid,nodev,noexec, ⏎
relatime,blkio)
cgroup on /sys/fs/cgroup/memory type cgroup (rw,nosuid,nodev,noexec, ⏎
relatime,memory)
```

※誌面の都合上、⏎で改行しています。

コントローラとはcgroupで制御するリソースであり、cpu、io、memoryなどがあります。cgroup v2で使用できるコントローラは、以下のコマンドで確認できます。

```
# cat /sys/fs/cgroup/cgroup.controllers
cpuset cpu io memory hugetlb pids
```

実は、このcgroup.controllersに記述されているものはあくまでcgroup v2で「使用できる」コントローラであり、有効にはなっていません（コントローラの有効化などの詳細は後述）。

v1とv2のコントローラの比較を表に示します。

表11.2 cgroup v1／v2のコントローラ比較

v1	v2	eBPF
cpu	cpu	
cpuacct	cpu	
cpuset	cpuset	
memory	memory	
devices		BPF_PROG_TYPE_CGROUP_DEVICE
freezer	freezer	
net_cls		BPF_PROG_TYPE_CGROUP_SKB BPF_PROG_TYPE_CGROUP_SOCK
blkio	io	
perf_event	perf_event	
net_prio		BPF_PROG_TYPE_CGROUP_SKB BPF_PROG_TYPE_CGROUP_SOCK
hugetlb	hugetlb	
pids	pids	
rdma	rdma	

　比較すると、cgroup v2にnet_clsとnet_prioに該当するコントローラがありませんが、v2のパス名でiptablesのルールを適用したり、v2に含まれるプロセスのパケットかどうかを確認するeBPFオブジェクトファイル（`bpf_skb_under_cgroup`）を利用してtcのフィルタにより優先度を設定したりできます。

　devicesもcgroup v2にありません。代わりにeBPF（`BPF_CGROUP_DEVICE`）のプログラムで制御するようになりました。

note

　eBPFでcgroupのプログラムタイプを利用するには`CONFIG_CGROUP_BPF`を有効にする必要があります。

ここからは、cpuコントローラとmemoryコントローラを例に、cgroup v2の具体的な使用方法を説明します。

11.5.2 cpu コントローラ

例として、cpuコントローラでCPU消費の制限を確認してみましょう。

まずはルートグループ（/sys/fs/cgroup）上のcgroup.subtree_controlで、有効なコントローラを確認します。先述のように、cgroup.controllersには使用できるコントローラが記述されていますが、それらを有効にするにはcgroup.subtree_controlに設定する必要があります。

```
# cd /sys/fs/cgroup
[/sys/fs/cgroup]# cat cgroup.controllers cgroup.subtree_control
cpuset cpu io memory hugetlb pids
memory pids
```

cgroup.subtree_controlにデフォルトのmemoryとpidsはありますが、cpuはないため、以下のように有効化します。

```
[/sys/fs/cgroup]# echo "+cpu" >> cgroup.subtree_control
[/sys/fs/cgroup]# cat cgroup.controllers cgroup.subtree_control
cpuset cpu io memory hugetlb pids
cpu memory pids
```

cgroup.subtree_controlにあるコントローラは、直下の子グループの制御をするものです。そのため、これから作成する子グループではcpuを制御できますが、ioなどの制御はできません。

そこで、以下のように子グループ（test）を作成し、自身のPIDをtestグループに含めます。

```
[/sys/fs/cgroup]# mkdir test ; cd test
[/test]# echo $$ > cgroup.procs
[/test]# cat cgroup.procs
102223
104955
```

systemd-cglsコマンドでは以下のように出力されます。

```
$ systemd-cgls
Working directory /sys/fs/cgroup/test:
└─102223 bash
```

11

仮想化②：：コンテナ型仮想化

271

このときのcgroup.controllersは、親グループのcgroup.subtree_controlと同じになります。

```
[/test]# cat cgroup.controllers
cpu memory pids
```

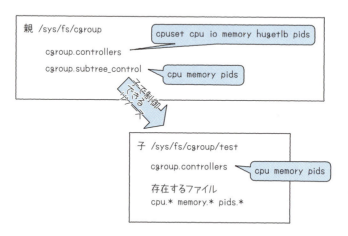

図11.13 親グループのcgroup.subtree_controlと子グループのcgroup.controllers

/sys/fs/cgroup/testには多くのファイルが作成されますが、中でもcpu.maxを使用することにより、CPU制限が設定できます。

```
[/test]# cat cpu.max
max 100000
[/test]# echo "10000 100000" > cpu.max
[/test]# cat cpu.max
10000 100000
```

設定値は、いずれも単位はマイクロ秒です。左の値は、グループ内のプロセスがCPUを使用できる最大時間の設定（デフォルトであるmaxは制限なし）です。右はPERIODで周期を示し、1000（1ミリ秒）〜1000000（1秒）まで設定できます。つまり「10000 100000」という設定は、「100ミリ秒間に10ミリ秒までCPUを使える」ということを表しています。

例として、次のコマンドでビジーループを実行し、（本来ならば）CPUを100％使うようにしてみます。

```
[/test]# while [ true ]; do  : ; done
```

ここで別のターミナルからtopコマンドによりCPU使用率を確認すると、先ほど設定したように10%前後となっているのがわかります。

```
$ top
[...]
    PID USER      PR  NI    VIRT    RES    SHR S  %CPU  %MEM     TIME+ COMMAND
 102223 root      20   0  227696   6628   3824 R  10.2   0.0   0:18.96 bash
[...]
```

CPU使用率を確認するためには、cgroup専用のsystemd-cgtopコマンドも使用できます。複数のリソース制限をしている場合などはこちらのほうが見やすいかもしれません。

```
$ systemd-cgtop
Control Group                  Tasks   %CPU   Memory  Input/s Output/s
/                               2487  122.9    24.7G        -        -
user.slice                      2258  108.4    16.0G        -        -
[...]
test                               1    9.9     1.0M        -        -
[...]
```

上の例ではcpu.maxを使いましたが、cpuコントローラの他の主要なファイルについても説明しておきます。

◉ cpu.stat

cpu.statはcpuコントローラが無効であっても存在するファイルです。

グループに属するプロセスが使用したCPU使用時間を確認できます。timeコマンドのようにユーザ空間、カーネル空間のそれぞれと全体のCPU使用時間が出力されます。cpuコントローラが有効の場合は、追加でCPU制限に達した回数も確認できるようになります。

◉ cpu.weight

他の子グループにおけるCPUの使用割合（重み）を設定できます（範囲は1〜10000。デフォルトは100）。

子グループAのcpu.weightが100、子グループBのcpu.weightが200の場合、Aは100 / (100 + 200)、つまり1/3だけCPUを使うことができます。同様にBは2/3になります。なお、CPUが複数ある場合は、全CPUの合計に対する割合となります。

以下は、CPUが8つのマシンにおいて、testグループの**cpu.weight**に600、test2グループの**cpu.weight**に200を設定した場合に、それぞれのグループでビジーループのプロセスを8つ実行した結果です。

```
$ systemd-cgtop
Control Group           Tasks   %CPU    Memory  Input/s Output/s
/                        2565   799.5    28.7G       -       -
test                        9   593.1    19.5M       -       -
test2                       9   198.2     5.0M       -       -
```

CPUは8つなので、もしCPUが空いていれば%CPUの値の合計は800%ほどとなります。ここでtestグループの8プロセスを終了させると、以下のようになります。

```
Control Group           Tasks   %CPU    Memory  Input/s Output/s
/                        2558   801.4    28.7G      0B   135.0K
test2                       9   791.0     5.0M       -       -
```

11.5.3 memory コントローラ

memoryコントローラは、デフォルトで**cgroup.subtree_control**に設定されています。

引き続き、先ほどのtestグループでメモリ制限を設定します。例としてメモリ上限を1Gバイトに設定します（詳細は後述）。

```
# cd /sys/fs/cgroup/test
[/test]# echo 1G > memory.max
```

さらに、500Mバイトになったらメモリを回収するように設定します。

```
[/test]# echo 500M > memory.high
```

また、OOMKillerを発生させるために意図的にスワップアウトを禁止します。

```
[/test]# echo 0 > memory.swap.max
```

ここで、**stress**コマンドを使って1Gバイトのメモリを消費してみます。

```
[/test]# stress -m 1 --vm-bytes 1G --vm-keep
```

testグループ内でのメモリ消費を確認すると、メモリ回収のしきい値に設定した
memory.highどおり、500Mバイトぐらいの消費に留まっています。

```
$ cat memory.current
544034816
```

次に、OOMKillerの発動を確認したいため、stressコマンドで1Gバイトのメモリ
消費をしたままmemory.highをmaxにしてみます。つまりメモリ回収のしきい値がな
くなるため、メモリ消費はmemory.maxに到達します。

```
[/test]# echo max > memory.high
```

するとすぐにOOMKillerが動作し、stressコマンドは強制終了されます。dmesgに
OOMKillerが発生したログが出力されます。

```
$ dmesg
[...]
[234340.582835] stress invoked oom-killer: gfp_mask=0x100cca(GFP_HIGHUSER_ ⏎
MOVABLE), order=0, oom_score_adj=0
[...]
[234340.582895] memory: usage 1048576kB, limit 1048576kB, failcnt 55
[234340.582896] swap: usage 14804kB, limit 0kB, failcnt 0
[234340.582896] Memory cgroup stats for /test:

[234340.582915] Memory cgroup out of memory: Killed process 457941 (stress) ⏎
total-vm:1052244kB, anon-rss:1031916kB, file-rss:192kB, shmem-rss:0kB, UID:0 ⏎
pgtables:2068kB oom_score_adj:0
```

※誌面の都合上、⏎で改行しています。

memory.eventsでOOMKillerが1回発生したことがわかります。

```
[/test]# cat memory.events | grep oom
oom 1
oom_kill 1
```

⦿memory.high

メモリ回収が動き出すサイズです。できるだけメモリ消費がこのサイズ内に収まる
ようにします。スワップがある場合はスワップアウトされます。スワップがない場合
は、回収処理がされ続ける場合があります。できる限りmemory.highを超えないよ
うにするだけですので、メモリ消費がこの値を超える場合がありますが、そのとき
OOMKillerは動作しません。

単位はバイトで、デフォルトはmax（制限なし）です。

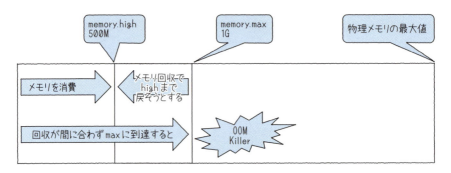

図11.14　cgroup v2の設定とメモリ回収

◉ memory.max

メモリ消費の制限サイズです。グループに属するプロセスでメモリ使用量がこのサイズを超えるとOOMKillerが動作します。単位はバイトで、デフォルトはmax（制限なし）です。

◉ memory.swap.max

使用できるスワップ領域の最大サイズを指定します。単位はバイトで、デフォルトはmax（制限なし）です。

◉ memory.current

現在のメモリ使用量が出力されます。

◉ memory.events

memoryコントローラに関するイベントの発生数が出力されます。出力内容としては、memory.highやmemory.maxに到達した回数や、oom、oom_killなどがあります。

oomとoom_killは、メモリ使用量がmemory.maxを超えて、OOMKillerが発生した際に増加します。oomとoom_killはだいたい同じ値になりますが、memory.oom_controlでOOMKillerを無効にしていた場合はoomだけが増えます。なお、memory.maxを現在の設定よりも小さい値に設定した場合、oomだけが増えることがあります。

また、複数のプロセスが同時に過剰なメモリを消費した場合は、まずそのうち1つのプロセスでOOMKillerが動作します。さらに同時に他のプロセスでも並行してOOMKillerが動作しようとしますが、OOMKillerが動作中のため、中止します。そういった場合も、oomだけが増加します。

cgroupでメモリを制限する場合、適切な制限値を模索することになります。このときにはこのmemory.eventsを参照するとよいでしょう。

● memory.stat

メモリの使用に関する詳細が出力されます。anon、kernel_stack、shmemなどの使用状況が確認できます。

● memory.swap.current

現在のスワップ使用量が出力されます。

● memory.swap.events

スワップに関連するイベントの発生数が出力されます。

11.5.4 その他のコントローラ

コントローラは他にもあります。それぞれについて簡単に概要を記載します。

● cpusetコントローラ

CPUとメモリノードを割り当てます。

● ioコントローラ

I/Oリソースの制限をするためのコントローラです。重み（io.weight）かIOPS（io.max）で制限ができます。

● hugetlbコントローラ

HugeTLBの使用を制限し、ページフォルト時にコントローラの制限が適用されます。

◉ pidsコントローラ

プロセス数の制限をします。制限に達すると、`fork()`、`clone()`での新しいプロセス生成ができなくなります。

◉ rdmaコントローラ

RDMAリソースの制限をします。

◉ perf_eventコントローラ

cgroup v2ではperf_eventコントローラは自動的に有効となります。そのため`cgroup.controllers`にperf_eventは出力されません。

perf_eventコントローラにより、perfのイベントがcgroup v2のパス名でフィルタリングされます。

実際に使用するときは、`perf record`の`-G`オプションでグループのパス名を設定します。以下のようにするとsleepコマンドが戻るまでtestグループで発生したperfイベントが記録されます。

```
# perf record -a  -e sched:sched_switch  -G test  -- sleep 10000
```

以下のように`perf script`を実行すると、簡単に`perf.data`の確認ができます。

```
# perf script -i perf.data
```

◉ miscコントローラ

miscコントローラはLinux 5.12 から実装されました。このコントローラはcgroup v1にはない、新しい仕組みです。このmiscコントローラは抽象化が難しいリソースを制限する汎用コントローラです。

ドライバなどがmiscコントローラにリソースの登録をすれば使えるようになるもので、本書執筆時点ではAMD SEV（Secure Encrypted Virtualization）とSEV-ES（Encrypted State：暗号化状態）のASID（アドレス空間識別子）がmiscコントローラに対応しており、cgroup上で制限が可能です。他のリソースでの対応が今後増えると予想されます。

11.5.5　その他の機能

コントローラ以外のインタフェースファイルで注目すべきものについて説明します。

◉ cgroup.freezer

cgroup v1にはfreezerコントローラがありましたが、cgroup v2にコントローラとしてのfreezerはありません。代わりに、子グループにあるcgroup.freezeファイルで制御します。

このファイルに1を書き込むと、そのグループに属するプロセスが停止します。0を書き込むと再開します。

また、v1の場合と異なり、停止中のプロセスにkillでシグナルを送ったり、アタッチしたりできます。

プロセスを他の子グループに移動することも可能です。移動させた先の子グループのcgroup.freezeが0の場合は、プロセスは停止したままではなく、動作を再開します。

◉ cgroup.kill

Linux 5.14 から実装されたインタフェースです。1を書き込むと、グループに属するプロセスにSIGKILLを送信します。

◉ pressureファイル

cpu.pressure、memorypressure、io.pressureというファイルもあります。詳細は12.3節を参照してください。

第 12 章

トラブルシューティング、
デバッグ概要

本章では、Linuxカーネルのトラブルシューティング、およびデバッグについて解説します。

始めに、アプリケーションのメモリ違反を検出するASanについて説明します。カーネルにはメモリ違反を検出するKASANがありますが、カーネルエンジニアでもない限り、使用することはないはずです。そのためKASANの代わりに、ユーザ空間のASanを紹介します。

そして、アプリケーションの観点からもよく利用されるftrace、Linux 4.20で実装されたPSI、Linux 4.9から実装されたhwlatについて説明します。

最後にeBPFでカーネル内部の情報を見ていきます。これにより、procfsやsysfsで確認できない情報が得られます。

12.1 ASan

LinuxカーネルにKASAN（Kernel Address Sanitizer）という機能があります。KASANはLinux 4.0から実装されており、カーネル内の解放済みのメモリアクセス（use-after-free）やメモリの範囲外アクセス、二重解放（double free）などのメモリ違反を検出します。KASANはx86-64、arm64アーキテクチャをサポートしており、利用するには`CONFIG_KASAN`などを有効にします。

しかしKASANはカーネル開発者のためのデバッグ機能であり、ユーザが使う機会はほとんどないでしょう。そのため、本書ではユーザプロセス向けのASanを紹介します。

ASan（AddressSanitizer）も、KASANと同様にメモリ違反を検出する機能です。C/C++のソースコードを、オプションを追加してClang（LLVM）かGCCでコンパイルし、実行することで利用できます。

12.1.1 使用方法

まずは解放済みのメモリにアクセスするプログラムでASanの動作を見てみましょう。ここでは例として、コミュニティのサンプルを使います。

```
$ cat use-after-free.c
#include <stdlib.h>
int main() {
  char *x = (char*)malloc(10 * sizeof(char*));
  free(x);
  return x[5];    // freeしたxにアクセス
}
```

-fsanitize=addressオプションを設定してコンパイルします。なおClangではな
くGCCでもコンパイルできます。

```
$ clang -fsanitize=address -O1 -fno-omit-frame-pointer -g use-after-free.c ⏎
-o use-after-free
```

※誌面の都合上、⏎で改行しています。

これを実行すると、ASanにより不正アクセスが報告されます。なお、以下に示す
出力結果は一部省略しています。不正アクセスがあると、そのアドレスやスタックト
レースなど、解析のための情報が出力されます。そしてメッセージの最後にもあるよ
うに、プログラムは強制終了されます。

```
$ ./use-after-free

=================================================================
==484356==ERROR: AddressSanitizer: heap-use-after-free on address ⏎
0x607000000020 at pc 0x00000044a1c4 bp 0x7ffc03596fd0 sp 0x7ffc03596780
READ of size 2 at 0x607000000020 thread T0
    #0 0x44a1c3 in __interceptor_puts.part.0 use-after-free+0x44a1c3)
    #1 0x4f23e2 in main use-after-free.c:8:3
    #2 0x7f7f7281a041 in __libc_start_main /usr/src/debug/glibc-2.31-17- ⏎
gab029a2801/csu/../csu/libc-start.c:308:16
    #3 0x41b43d in _start (use-after-free+0x41b43d)
[...]
Shadow bytes around the buggy address:
[...]
  0x0c0e7fff7ff0: 00 00 00 00 00 00 00 00 00 00 00 00 00 00 00 00
=>0x0c0e7fff8000: fa fa fa fa[fd]fd fd fd fd fd fd fd fd fd fa fa
[...]
Shadow byte legend (one shadow byte represents 8 application bytes):
  Addressable:           00
  Partially addressable: 01 02 03 04 05 06 07
  Heap left redzone:       fa
  Freed heap region:       fd
[...]
==605335==ABORTING
```

※誌面の都合上、⏎で改行しています。

しかし、メモリの不正アクセスをすべてあぶり出したい場合もあるでしょう。不正アクセスがあっても実行を続ける場合は、-fsanitize-recover=addressを追加してコンパイルします。

```
$ clang -fsanitize=address -O1 -fno-omit-frame-pointer -fsanitize-↵
recover=address -g use-after-free.c -o use-after-free
```

※誌面の都合上、↵で改行しています。

さらに、実行する際、以下の環境変数を設定します。

```
ASAN_OPTIONS=halt_on_error=0 ./use-after-free
```

これでASanによる不正アクセスが報告されても実行され続けますが、不正なデータのままプログラムが動作し、問題のないコードが不正な動作をする可能性もありますので、おすすめはしません。

ASanを有効にすると、バイナリの実行速度は低下します。そこで以下のように__attribute__((no_sanitize_address))を関数に設定することで、ASanの検査を関数単位で除外できます。これによりASanの検査対象を削減して、実行速度への影響を減少させるのもよいでしょう。

```
__attribute__((no_sanitize_address))
int main() {
[...]
}
```

ASanは他に以下のような事象も報告します。他にもありますので、詳細はコミュニティページ[1]を参照してください。

- ヒープバッファのオーバーフロー
- スタックのオーバーフロー
- グローバル変数のオーバーフロー
- リターン後のメモリ使用
- スコープ外でのメモリ使用
- 初期化順序バグ
- 二重解放

ここからは、これらの中からいくつかを紹介していきます。

※1：https://github.com/google/sanitizers/wiki/AddressSanitizer

リターン後のメモリ使用

　リターン後のメモリ使用はデフォルトで検査されません。検査するには`ASAN_`
`OPTIONS=detect_stack_use_after_return=1`を設定します。コミュニティのサン
プルで結果を見てみます。

```
$ cat use-after-return.cc
[...]
// You need to run the test with ASAN_OPTIONS=detect_stack_use_after_return=1

int *ptr;
__attribute__((noinline))
void FunctionThatEscapesLocalObject() {
  int local[100];
  ptr = &local[0];
}

int main(int argc, char **argv) {
  FunctionThatEscapesLocalObject();
  return ptr[argc];
}

$ clang -O -g -fsanitize=address use-after-return.cc -o use-after-return

$ ASAN_OPTIONS=detect_stack_use_after_return=1 ./use-after-return
=================================================================
==632006==ERROR: AddressSanitizer: stack-use-after-return on address ⏎
0x7f9751072024 at pc 0x0000004f258c bp 0x7ffcd437b7b0 sp 0x7ffcd437b7a8
READ of size 4 at 0x7f9751072024 thread T0
    #0 0x4f258b in main use-after-return.cc:18:10
    #1 0x7f97543f2041 in __libc_start_main /usr/src/debug/glibc-2.31-17- ⏎
gab029a2801/csu/../csu/libc-start.c:308:16
    #2 0x41b43d in _start (use-after-return+0x41b43d)
[...]
```

※誌面の都合上、⏎で改行しています。

　ERROR行に`stack-use-after-return`と明示されます。

> 有名なメモリデバッグ用のアプリケーションの1つに、Valgrindというものもあります。先ほどと同様の検査をValgrindで行うと、以下のような結果が得られます。
>
> ```
> $ clang -O0 -g use-after-return.cc -o use-after-return
>
> $ valgrind --tool=memcheck   ./use-after-return
> [...]
> ==632386== Command: ./use-after-return
> ==632386==
> ==632386== Invalid read of size 4
> ==632386==    at 0x401167: main (use-after-return.cc:18)
> ==632386==  Address 0x1ffefffb04 is on thread 1's stack
> ==632386==  412 bytes below stack pointer
> [...]
> ```
>
> Invalid read of size 4とだけ出力されており、ASanのほうがより詳細な内容が表示されていることがわかります。
>
> Valgrindはプロセスの再コンパイルが不要ですが、ASanは**-fsanitize**オプションを設定したコンパイルが必要です（なおどちらも、**-g**オプションでデバッグ情報を含めたコンパイルをおすすめします）。しかし、Valgrindの動作は非常に遅く、ASanのほうが高速に動作するとされています。そのため、再コンパイルしてでもASanを使うのがよいでしょう。

二重解放

コミュニティページ[2]には二重解放に関するサンプルがありませんでしたが、二重解放もASanで検出可能です。以下のコードは非常にシンプルなため、**-O0**オプションで最適化を無効にしてコンパイルします。

※2：https://github.com/google/sanitizers/wiki/AddressSanitizer

```
$ cat double-free.c
#include <stdlib.h>
int main() {
  char *x = (char*)malloc(10 * sizeof(char*));
  free(x);
  free(x);
  return 0;
}

$ clang -fsanitize=address -O0 -fno-omit-frame-pointer -g double-free.c -o ⏎
double-free

$ ./double-free
=================================================================
==633960==ERROR: AddressSanitizer: attempting double-free on 0x607000000020 ⏎
in thread T0:
    #0 0x4bcf17 in free (double-free+0x4bcf17)
    #1 0x4f23ee in main double-free.c:5:3
    #2 0x7f64b15d4041 in __libc_start_main /usr/src/debug/glibc-2.31-17- ⏎
gab029a2801/csu/../csu/libc-start.c:308:16
    #3 0x41b43d in _start (double-free+0x41b43d)
[...]
```

※誌面の都合上、⏎で改行しています。

ERROR行にattempting double-freeと出力されていることがわかります。

12.1.2 LSan

ASanには**LSan**（LeakSanitizer）というメモリリーク検出機能も統合されています。
以下にコミュニティで配布されているサンプルを示します。

```
$ cat memory-leak.c
#include <stdlib.h>

void *p;

int main() {
  p = malloc(7);
  p = 0;    // このpをfreeしていません
  return 0;
}
```

このサンプルをコンパイルし実行すると、メモリリークが報告されます。

```
$ clang -fsanitize=address -g memory-leak.c -o memory-leak

$ ./memory-leak

=================================================================
==484699==ERROR: LeakSanitizer: detected memory leaks

Direct leak of 7 byte(s) in 1 object(s) allocated from:
    #0 0x4bd21f in malloc (memory-leak+0x4bd21f)
    #1 0x4f23d8 in main memory-leak.c:6:7
    #2 0x7fb21af4a041 in __libc_start_main /usr/src/debug/glibc-2.31-17- ⏎
gab029a2801/csu/../csu/libc-start.c:308:16
```

※誌面の都合上、⏎で改行しています。

12.1.3 MSan

MSan（MemorySanitizer）は未初期化メモリの参照を検出します。利用するには-fsanitize=memoryオプションを設定してコンパイルします。

```
$ cat msan.c
#include <stdio.h>

int main(int argc, char** argv) {
  int* a[10];
  a[5] = 0;
  if (a[argc])    // a[1] は初期化していない
    printf("xx\n");
  return 0;
}

$ clang -fsanitize=memory -fPIE -pie -fno-omit-frame-pointer -g -O2 msan.c ⏎
-o msan

$ ./msan
==625501==WARNING: MemorySanitizer: use-of-uninitialized-value
    #0 0x55fdc0135412 in main msan.c:6:7
    #1 0x7fe30fe53041 in __libc_start_main /usr/src/debug/glibc-2.31-17- ⏎
gab029a2801/csu/../csu/libc-start.c:308:16
    #2 0x55fdc00b93cd in _start (msan+0x1d3cd)

SUMMARY: MemorySanitizer: use-of-uninitialized-value msan.c:6:7 in main
Exiting
```

※誌面の都合上、⏎で改行しています。

288

12.1.4 UBSan

UBSan（Undefined Behavior Sanitizer）は未定義動作を検出します。UBSanを利用するにはコンパイル時に`-fsanitize=undefined`を設定します。

未定義動作には、int変数の32bitシフト、整数のゼロ除算、NULLポインタの逆参照など数多くのものがあります。UBSanにより検出する未定義動作は以下のURLを確認してください。

・https://clang.llvm.org/docs/UndefinedBehaviorSanitizer.html#ubsan-checks

ここでは例として、32bitシフト、ゼロ除算、int型の整数のオーバーフローを確認します。

```
$ cat ubsan.c
int main(int argc, char **argv) {
  int k = 0x7fffffff;   // int型の最大値（INT_MAX）で初期化。10進数にすると ⏎
2147483647
  int l = k << 32;  // 32bitシフト
  int m;
  k += argc;  // 1を加算
  m = k / 0;   // 0除算
  return 0;
}

$ clang -fsanitize=undefined -g ubsan.c -o ubsan

$ ./ubsan
ubsan.c:3:13: runtime error: shift exponent 32 is too large for 32-bit type ⏎
'int'
SUMMARY: UndefinedBehaviorSanitizer: undefined-behavior ubsan.c:3:13 in
ubsan.c:5:5: runtime error: signed integer overflow: 2147483647 + 1 cannot ⏎
be represented in type 'int'
SUMMARY: UndefinedBehaviorSanitizer: undefined-behavior ubsan.c:5:5 in
ubsan.c:6:9: runtime error: division by zero
SUMMARY: UndefinedBehaviorSanitizer: undefined-behavior ubsan.c:6:9 in
UndefinedBehaviorSanitizer:DEADLYSIGNAL
==624754==ERROR: UndefinedBehaviorSanitizer: FPE on unknown address ⏎
0x000000427f65 (pc 0x000000427f65 bp 0x7fffdbe870a0 sp 0x7fffdbe87060 T624754)
    #0 0x427f65 in main ubsan.c:6:9
    #1 0x7f1b405f2041 in __libc_start_main /usr/src/debug/glibc-2.31-17- ⏎
gab029a2801/csu/../csu/libc-start.c:308:16
    #2 0x40346d in _start (ubsan+0x40346d)

UndefinedBehaviorSanitizer can not provide additional info.
SUMMARY: UndefinedBehaviorSanitizer: FPE ubsan.c:6:9 in main
==624754==ABORTING
```

※誌面の都合上、⏎で改行しています。

　32bitシフトとint変数の整数オーバーフローではSUMMARY行が出力されるだけで、処理は継続されています。他方、ゼロ除算の場合はERROR行のあとにスタックトレースが出力され、強制終了となります。このように、UBSanでは処理が継続される場合と、終了する場合があります。

> **note**
>
> 同様のサンプルをValgrindで実行すると、ゼロ除算のみが検出されました。
>
> ```
> $ clang -g ubsan.c -o ubsan
>
> $ valgrind --tool=memcheck ./ubsan
> [...]
> ==665466== Command: ./ubsan
> ==665466==
> ==665466==
> ==665466== Process terminating with default action of signal 8(SIGFPE): ⏎
> dumping core
> ==665466==  Integer divide by zero at address 0x1002D3C0CA
> ==665466==    at 0x401152: main (ubsan.c:6)
> ==665466==
> ==665466== HEAP SUMMARY:
> ==665466==     in use at exit: 0 bytes in 0 blocks
> ==665466==   total heap usage: 0 allocs, 0 frees, 0 bytes allocated
> ==665466==
> ==665466== All heap blocks were freed -- no leaks are possible
> ==665466==
> ==665466== For lists of detected and suppressed errors, rerun with: -s
> ==665466== ERROR SUMMARY: 0 errors from 0 contexts (suppressed: 0 from 0)
> ```
>
> ※誌面の都合上、⏎で改行しています。

12.1.5 TSan

TSan（ThreadSanitizer）はスレッドによるデータの競合を検出します。TSanを利用するには、コンパイル時に`-fsanitize=thread`を設定します。以下に実際のサンプルを示します。

```
$ cat simple_race.cc
#include <pthread.h>
#include <stdio.h>

int Global;

void *Thread1(void *x) {
  Global++;
  return NULL;
}

void *Thread2(void *x) {
  Global--;
  return NULL;
}

int main() {
  pthread_t t[2];
  pthread_create(&t[0], NULL, Thread1, NULL);
  pthread_create(&t[1], NULL, Thread2, NULL);
  pthread_join(t[0], NULL);
  pthread_join(t[1], NULL);
}

$ clang++ simple_race.cc -fsanitize=thread -fPIE -pie -g -lpthread -o simple_race

$ ./simple_race
==================
WARNING: ThreadSanitizer: data race (pid=665751)
  Write of size 4 at 0x555d71a41a28 by thread T2:
    #0 Thread2(void*) simple_race.cc:12:9 (simple_race+0xcedba)

  Previous write of size 4 at 0x555d71a41a28 by thread T1:
    #0 Thread1(void*) simple_race.cc:7:9 (simple_race+0xced5a)

  Location is global 'Global' of size 4 at 0x555d71a41a28 ⏎
(simple_race+0x000000bb1a28)

  Thread T2 (tid=665754, running) created by main thread at:
    #0 pthread_create <null> (simple_race+0x64121)
    #1 main simple_race.cc:19:3 (simple_race+0xcee26)

  Thread T1 (tid=665753, finished) created by main thread at:
    #0 pthread_create <null> (simple_race+0x64121)
    #1 main simple_race.cc:18:3 (simple_race+0xcee0b)

SUMMARY: ThreadSanitizer: data race simple_race.cc:12:9 in Thread2(void*)
==================
```

※誌面の都合上、⏎で改行しています。

Thread1が先に動作するとは限りません。Thread2が先に動くと変数Globalは一度-1になります。なお、変数Globalはアトミックではないため、Thread1とThread2が同時に動くと、変数Globalの最終的な値は0ではなく1や-1になる場合があります。

12.2 ftrace

ftraceは、カーネルの内部をトレースする機能です。ftraceを使用するには、`CONFIG_FTRACE=y`などftrace関連のカーネルコンフィグを有効にしたうえで、以下のコマンドによるマウントが必要です。

```
# mount -t tracefs nodev /sys/kernel/tracing
```

一般的なディストリビューションでは、起動時に`/sys/kernel/debug/tracing`にマウントされています。また一般ユーザにはアクセス権がないため、ここではrootで操作します。

ftraceには関数トレースとイベントトレースがあります。まずは関数トレースを説明します。

12.2.1 関数トレース

関数トレースとは、カーネル内のすべての関数をトレースできる機能です。関数トレースを利用すると、アプリケーションの処理から、カーネルがどのように動作するのか調べるのに有効です。また、カーネルの内部でどのような関数が動作しているのか理解を深めるのにも役立つでしょう。

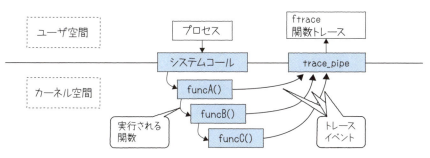

図12.1 関数トレースが発行される様子

関数トレースを利用するにはCONFIG_FTRACE=yに加えて、CONFIG_FUNCTION_
TRACER=yの設定が必要です。現在起動しているカーネルでこのコンフィグが有効に
なっていれば、/sys/kernel/tracing/available_tracersにfunctionという項目
が追加されます。

```
# cat available_tracers
hwlat blk mmiotrace function_graph wakeup_dl wakeup_rt wakeup function nop
```

ここではfunction_graphとfunctionを見てみます。その他のblkやmmiotrace、
wakeupなどについては以下のURLを参照してください（hwlatについては12.4節を参
照）。

・https://www.kernel.org/doc/html/next/trace/ftrace.html

まずは、current_tracerファイルにfunctionを設定し、関数トレースを有効に
します。

```
# cd /sys/kernel/debug/tracing
# echo function > current_tracer
```

trace_onファイルに1を書き込むと、トレースを開始します。そのあとでtrace_
pipeを見るとトレース結果が出力されています。traceファイルでも同じくトレース
結果を確認できますが、traceはトレース結果を出力しても、トレースデータが残り
ます。trace_pipeは出力したデータは削除され、次にcatなどでtrace_pipeを読み
込むと新しいトレースデータが出力されます。

294

```
# echo 1 > tracing_on

# cat trace_pipe

# tracer: function
#
# entries-in-buffer/entries-written: 0/1376956899    #P:8
#
#                                 _-----=> irqs-off
#                                / _----=> need-resched
#                               | / _---=> hardirq/softirq
#                               || / _--=> preempt-depth
#                               ||| /     delay
#          TASK-PID      CPU#  ||||   TIMESTAMP  FUNCTION
#            | |          |    ||||      |          |

        <idle>-0       [005] d... 11050880.654075: switch_ldt ⏎
<-__schedule
        chrome-2874076 [005] d... 11050880.654076: finish_task_switch.isra.0 ⏎
<-__schedule
        chrome-2874076 [005] .... 11050880.654077: hrtimer_active ⏎
<-schedule_hrtimeout_range_clock
        chrome-2874076 [005] .... 11050880.654077: hrtimer_try_to_cancel. ⏎
part.0 <-schedule_hrtimeout_range_clock
        chrome-2874076 [005] .... 11050880.654077: _raw_spin_lock_irqsave ⏎
<-hrtimer_try_to_cancel.part.0
        chrome-2874076 [005] d... 11050880.654078: __remove_hrtimer ⏎
<-hrtimer_try_to_cancel.part.0
        chrome-2874076 [005] d... 11050880.654078: _raw_spin_unlock_ ⏎
irqrestore <-hrtimer_try_to_cancel.part.0
        chrome-2874076 [005] .... 11050880.654079: __fdget <-do_sys_poll
        chrome-2874076 [005] .... 11050880.654079: __fget_light <-do_sys_poll
```

※誌面の都合上、⏎で改行しています。

トレースを停止するにはtracing_onに0を書き込みます。

```
# echo 0 > tracing_on
```

トレース結果の内容として、TASK-PIDにはプロセス名とPID、CPU#には動作していたCPU番号が記録されています。またirqs-offでdとなっている行は、割り込み禁止だったことを示しています。FUNCTIONは実行された関数であり、矢印はどの関数から呼ばれたかを示しています。これは関数名が横並びなので少し見づらいかもしれません。

それでは次に、function_graphをトレーサに設定し、関数グラフを取得してみましょう。関数グラフは関数の入口と出口をトレースします（これを利用するには

CONFIG_FUNCTION_GRAPH_TRACER=yを設定する必要があります）。関数グラフのトレース結果を以下に示します（出力はCPU0に限定しました）。

```
# echo function_graph > current_tracer

# cat trace_pipe

# tracer: function_graph
#
# CPU  DURATION                  FUNCTION CALLS
# |     |   |                     |   |   |   |

 0)                  |  process_one_work() {
 0)                  |    flush_to_ldisc() {
 0)                  |      mutex_lock() {
 0)                  |        _cond_resched() {
 0)   0.073 us       |          rcu_all_qs();
 0)   0.208 us       |        }
 0)   0.344 us       |      }
 0)                  |      tty_port_default_receive_buf() {
 0)                  |        tty_ldisc_ref() {
 0)   0.071 us       |          ldsem_down_read_trylock();
 0)   0.370 us       |        }
 0)                  |        tty_ldisc_receive_buf() {
 0)                  |          n_tty_receive_buf2() {
 0)                  |            n_tty_receive_buf_common() {
 0)                  |              down_read() {
 0)                  |                _cond_resched() {
 0)   0.071 us       |                  rcu_all_qs();
```

function_graphは、その関数に費やした時間も出力されます。関数コールのたびにインデントされるため、見やすくなっています。

以上で、カーネルがどのような処理をしているか、カーネルの関数レベルで見ることができます。しかし、情報が大量で状況によっては不要なものも多いため、確認するのは大変です。またトレースしている関数の数が多ければ多いほどトレース処理の負荷が高まります。この問題を避けるために、取得する関数・PID・動作しているCPUなどで制限が可能なので、続いてそれらについて見てみます。

12.2.2 トレース情報の制限

トレースする関数を限定する

set_ftrace_filterでトレースする関数を制限できます。例えば ext4から始まる名前の関数のみトレースする場合は以下のコマンドを実行します。

```
# echo ext4* > set_ftrace_filter
```

このときのトレース結果の一部を以下に示します。

```
jbd2/sda2-8-766      [003] ....  11053031.662293: ext4_bmap <-bmap
jbd2/sda2-8-766      [003] ....  11053031.662295: ext4_iomap_begin <-iomap_apply
jbd2/sda2-8-766      [003] ....  11053031.662295: ext4_map_blocks ⏎
-ext4_iomap_begin
jbd2/sda2-8-766      [003] ....  11053031.662295: ext4_es_lookup_extent ⏎
<-ext4_map_blocks
jbd2/sda2-8-766      [003] ....  11053031.662297: ext4_set_iomap ⏎
<-ext4_iomap_begin
jbd2/sda2-8-766      [003] ....  11053031.662297: ext4_iomap_end <-iomap_apply
jbd2/sda2-8-766      [003] ....  11053031.662313: ext4_bmap <-bmap
```

※誌面の都合上、⏎で改行しています。

PIDを限定する

以下のコマンドで、set_ftrace_pidに設定したPIDで発生したトレースのみを取得できます。

```
# echo 2499103 > set_ftrace_pid
```

このときのトレース結果の一部を以下に示します。PIDが2499103のトレースだけが取得されます。

```
bash-2499103 [004] d... 11053229.522360: cgroup_rstat_updated ⏎
<-__cgroup_account_cputime
bash-2499103 [004] d... 11053229.522360: rcu_read_unlock_strict ⏎
<-update_curr
bash-2499103 [004] d... 11053229.522360: __update_load_avg_se ⏎
<-update_load_avg
bash-2499103 [004] d... 11053229.522360: __update_load_avg_cfs_rq ⏎
<-update_load_avg
bash-2499103 [004] d... 11053229.522360: clear_buddies ⏎
<-dequeue_entity
bash-2499103 [004] d... 11053229.522360: update_cfs_group ⏎
<-dequeue_entity
bash-2499103 [004] d... 11053229.522360: update_min_vruntime ⏎
<-dequeue_task_fair
```

※誌面の都合上、⏎で改行しています。

CPUを限定する

デフォルトではすべてのCPUで発生したトレースを取得しますが、`tracing_cpumask`に設定したCPUで発生したトレースのみを取得することも可能です。トレースを取得するCPUを設定していない場合でも、`/sys/kernel/debug/tracing`にある`per_cpu/cpu<CPU番号>/trace_pipe`で、このCPU番号でのトレースだけを確認することができます。

12.2.3 イベントトレース

次はイベントトレースについて説明します。イベントトレースを使いこなすには各イベントで出力されるトレース情報について意味を理解している必要があり、カーネルのソースコードを確認するケースも生じます。難易度は関数トレースよりも高いかもしれませんが、イベントトレースは非常に有力なツールです。

> **note**
>
> ftraceにはイベントトレースに関係する設定が多くあります。本書では一部しか紹介できないので、参考URLも確認してください。

カーネル内部でトレース情報が取得される箇所にはあらかじめフックが実装されており、そこが実行されるとフックによりftraceのイベントが発生し、関連するトレース情報が出力されます。

イベントトレースでは、関数名だけではなく付属する情報も得られるのが特徴です。イベントは`/sys/kernel/debug/tracing/events/`にあり、トレースしたいイベントを有効にします。

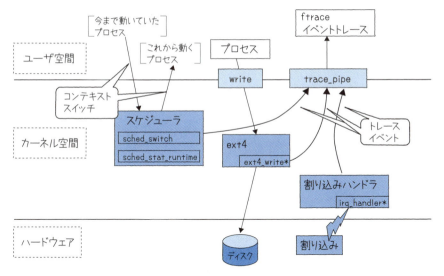

図12.2 イベントトレースが発行される様子

イベントには、例えば以下のようなものがあります。なお、カッコ内は/sys/kernel/debug/tracing/events/にあるイベントを示します。

- 各システムコールの入口と出口（vsyscall/*）
- スケジューラのコンテキストスイッチにより次のプロセスにCPUを割り当てる箇所（sched/sched_switch）
- ext4ファイルシステムによるデータの書き出し（ext4/ext4_write_*、ext4/ext4_writepage）
- ネットワークデバイス層におけるパケットの送受信（net/net_dev_xmit、net/netif_rx）
- 割り込みハンドラの実行、ソフト割り込みハンドラの実行（irq/irq_handler_*、irq/softirq_*）

straceでもシステムコールのトレースは可能ですが、straceの対象プロセスで実行されたシステムコールに限定されます。いつ誰に対象のシステムコールが実行されるのかが不明な場合は、ftraceのイベントトレースが有効でしょう。

ここでは例として、スケジューラによるコンテキストスイッチにより、これからCPUを明け渡すプロセスがどのぐらいCPUを消費したか見てみます。そのためにsched_stat_runtimeとsched_switchのイベントを有効にします。

```
# cd /sys/kernel/debug/tracing

# echo 1 > events/sched/sched_stat_runtime/enable

# echo 1 > events/sched/sched_switch/enable
```

ビジーループのスクリプトbusy-loop.shをtimeoutコマンドで1秒だけ実行します。

```
# cat /home/test/busy-loop.sh

#!/bin/bash

while [ true ] ; do
    :
done
# chmod +x /home/test/busy-loop.sh
# echo nop > current_tracer
# echo 1 > tracing_on
# timeout 1 /home/test/busy-loop.sh
# echo 0 > tracing_on
```

トレース結果の一部を以下に示します。あるCPUで1秒間動き続けると想像していましたが、runtime=を見ると、実際にはbusy-loop.shの実行は4ミリ秒ごとに区切られていました（Ubuntu 18.04、CONFIG_HZ_250=yの実機で検証）。

```
<idle>-0        [007] d... 9350077.019805: sched_switch: prev_ ⏎
comm=swapper/7 prev_pid=0 prev_prio=120 prev_state=R ==> ⏎
next_comm=kworker/7:3 next_pid=6798 next_prio=120
kworker/7:3-6798    [007] d... 9350077.019808: sched_stat_runtime: ⏎
comm=kworker/7:3 pid=6798 runtime=5707 [ns] vruntime=585578029814137 [ns]
kworker/7:3-6798    [007] d... 9350077.019813: sched_switch: prev_ ⏎
comm=kworker/7:3 prev_pid=6798 prev_prio=120 prev_state=I ==> next_ ⏎
comm=swapper/7 next_pid=0 next_prio=120
<...>-9530       [006] d.h. 9350077.023778: sched_stat_runtime: ⏎
comm=busy-loop.sh pid=9530 runtime=3977401 [ns] vruntime=27866947992 [ns]
<...>-9530       [006] d.h. 9350077.027778: sched_stat_runtime: ⏎
comm=busy-loop.sh pid=9530 runtime=3999919 [ns] vruntime=27870947911 [ns]
<...>-9530       [006] d.h. 9350077.031778: sched_stat_runtime: ⏎
comm=busy-loop.sh pid=9530 runtime=3999955 [ns] vruntime=27874947866 [ns]
<...>-9530       [006] d.h. 9350077.035778: sched_stat_runtime: ⏎
comm=busy-loop.sh pid=9530 runtime=4000031 [ns] vruntime=27878947897 [ns]
<...>-9530       [006] d.h. 9350077.039778: sched_stat_runtime: ⏎
comm=busy-loop.sh pid=9530 runtime=3999973 [ns] vruntime=27882947870 [ns]
<...>-9530       [006] d.h. 9350077.043778: sched_stat_runtime: ⏎
comm=busy-loop.sh pid=9530 runtime=4000031 [ns] vruntime=27886947901 [ns]
<idle>-0        [002] d... 9350077.047562: sched_switch: prev_ ⏎
comm=swapper/2 prev_pid=0 prev_prio=120 prev_state=R ==> next_comm=sshd ⏎
next_pid=9266 next_prio=120
sshd-9266       [002] d... 9350077.047606: sched_stat_runtime: ⏎
comm=sshd pid=9266 runtime=48388 [ns] vruntime=27212232675 [ns]
sshd-9266       [002] d... 9350077.047607: sched_switch: ⏎
prev_comm=sshd prev_pid=9266 prev_prio=120 prev_state=S ==> ⏎
next_comm=swapper/2 next_pid=0 next_prio=120
```

※誌面の都合上、⏎で改行しています。

　今回は2つのイベントを有効にしましたが、スケジュール関連のイベントをすべて
有効にする場合は、以下のようにsched/配下のenableに1を書き込みます。

```
# echo 1 > /sys/kernel/debug/tracing/events/sched/enable
```

12.2.4 トレースデータの取得方法

　トレースを常に有効にするのではなく、あるコマンドを実行している期間だけトレ
ースを取得したい場合は、処理の前後で以下のコマンドを実行します。

```
# echo 1 > tracing_on
<ここでコマンドなどの処理を実行させる。>

# echo 0 > tracing_on
```

対象の処理直前にftraceを開始して、処理が終わった直後に停止させます。

または、trace_markerにより、任意の文字列をイベントトレースの一部として出力できます。これは以下のようにechoコマンドか、プログラム中に同様の処理（trace_markerファイルをopen／writeする）を実装してもよいでしょう。

```
# echo "START Action" > trace_marker
<ここで何らかの処理が実行される>

# echo "END Action" > trace_marker
```

12.2.5 その他のツール

ftraceで/sys/kerne/debug/traceから直接データを取得する方法を説明しましたが、他にtrace-cmdコマンドやperfコマンドもあります。trace-cmdで取得したデータは、GUIツールであるKernelSharkで可視化することもできます。

```
$ sudo trace-cmd record -o trace.dat -e sched:sched_stat_runtime sleep 100
```

図12.3は、このtrace.datをKernelSharkで表示した結果です。

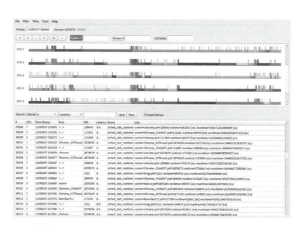

図12.3　KernelSharkで可視化したトレース結果

12.3 PSI

Linux 4.20から、CPU、メモリ、I/Oにおけるストール時間を確認できる**PSI**（Pressure Stall Information）と呼ばれる機能が実装されました。

ストール時間とはこれらのリソースの獲得までに待った時間であり、確保するのに時間がかかるということはリソースが不足している可能性を示します。ひいては、それらがシステムの動作に影響しているかもしれません。

予想以上にプロセスの動きやI/O処理が遅いときやシステム全体の性能が出ないときなどに、このPSIが参考になります。ソフトウェアの不具合でメモリを過剰に消費しているときや、プロセスが暴走しているようなときにもPSIの値は大きくなりえます。また、PSIはシステムにおけるリソース不足の検出が主目的ですが、デバッグ用途でも十分活用できる機能です。

> なお、どのプロセスが待ち状態となっているかまではPSIではわかりません。それらの詳細を調べるにはftraceなど別の手段で追加情報を取得する必要があります（12.2節参照）。

12.3.1 PSIの使用方法

PSIを使うにはカーネルコンフィグで`CONFIG_PSI=y`にします。`CONFIG_PSI_DEFAULT_DISABLED=y`の場合はデフォルトでPSIが無効になるため、有効にするにはカーネルコマンドラインに`psi=1`を設定します。

使い方は簡単です。`/proc/pressure/`に`cpu`、`memory`、`io`ファイルがあるので、これを見るだけです。筆者手元のLinux 5.6では以下のような情報が得られました。

```
$ head /proc/pressure/*
==> /proc/pressure/cpu <==
some avg10=0.00 avg60=0.00 avg300=0.00 total=9977912134

==> /proc/pressure/io <==
some avg10=3.58 avg60=3.79 avg300=3.97 total=563891092827
full avg10=2.92 avg60=3.29 avg300=3.52 total=541043360710

==> /proc/pressure/memory <==
some avg10=0.00 avg60=0.00 avg300=0.00 total=2719345996
full avg10=0.00 avg60=0.00 avg300=0.00 total=949390725
```

> **note**
>
> Linux 5.12からは/proc/pressure/cpuにもfullが追加されています。

avg<値>=の値の単位は%です。avg10は10秒間、avg60は60秒間、avg300は300秒間の割合を示します。また、total=の値は待ち時間の累積（単位はマイクロ秒）です。

ここからは、それぞれのリソース情報について詳しく説明します。

12.3.2 CPUリソース

/proc/pressure/cpuのsome行の値は、実行が決まったタスクがスケジューラのランキューに積まれ、CPUリソースを獲得して実行されるまでに待った時間です。

優先度の高いプロセスが動作中だと、優先度の低いプロセスは実行待ちとなりますが、この値は、すべてのCPUのランキューにおいてこのような「待っているプロセス」の待ち時間の合計を割合で示しています。

例として、シェルでsleep 1を実行したケースを考えます。1秒間はランキューにはおらずスリープしますが、1秒後に起床してランキューに積まれます。このときリアルタイムプロセスも動作しており、それが仮に0.5秒後に終了したとします。この場合、sleep 1のプロセスが実行されると、sleep 1は実際には1.5秒後にシェルに戻ることになります。このような大きな時間のずれは、いずれ問題となる可能性があり、CPUリソースについて検討しなくてはなりません。

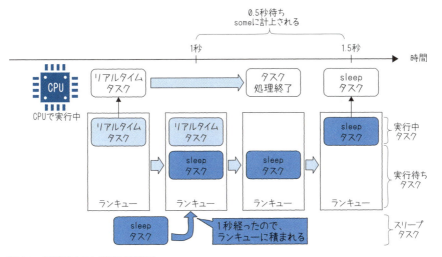

図12.4　実行待ちタスクが遅延する様子

full行の値は、ランキューで待っているプロセスがいるのに、CPUで誰も実行されていない状態の時間です。ランキューにプロセスが積まれているということは、すぐにでもCPUで実行されるプロセスがいるということです。このような状況は通常ありえないため、PSIの最初の実装にはfull行はありませんでした。

> **note**
>
> 先述のように、full行はLinux 5.12から追加されました。cgroupでCPU制限をしていると、このfull行の値が増えることがあります（cgroupについては第11章を参照）。

12.3.3　メモリ回収

/proc/pressure/memoryの値は、あるタスクにおいてメモリ回収にかかった時間、またはスワップイン／キャッシュスラッシングなどの待ち時間です。

メモリ回収にかかった時間とは、メモリを確保するのにかかった時間ではありません。確保しようとしてメモリが枯渇していると、カーネル内部でキャッシュなどのメモリの回収処理が動作し、メモリを捻出しようとしますが、この回収にかかった時間です。

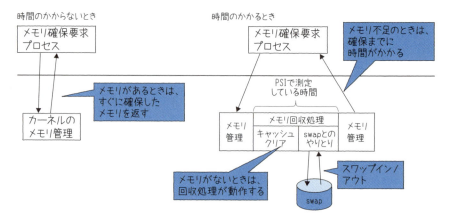

図12.5　メモリが不足しているときのメモリ回収処理

　some行の値は、あるプロセスでメモリ回収に時間がかかっていても、他のプロセスがCPUリソースを使えている状態であったときの時間です。full行は、メモリ回収待ちになっているプロセスがいて、かつCPUがアイドル状態であったときの時間です。スワップイン／スワップアウトが多いと、この値が増えます。

12.3.4　I/O 完了待ち

　/proc/pressure/ioのsome行の値は、あるタスクにおけるI/Oの完了待ちの時間です。I/O完了待ちの間、CPUでは他のプロセスが実行されています。full行はI/O完了待ちとなっているプロセスがいて、かつCPUがアイドル状態であった時間です。

　PSIの情報を定期的に監視することで、リソース不足の状況を把握できるでしょう。特にfullの値が大きい場合、「CPUを活用しきれていない」ということを意味します。あるリソースにおいてストールしているプロセスが原因で他のプロセスがCPUを使えない状態になっているかもしれません。

　具体的に「ある値以上だと対策が必要」といった数値の目安はありません。システムにより数値の度合いは異なります。例えば、ある特定のシステムで事前にI/O性能を測定し、正常な待ち時間の範囲を定義しておいて、I/Oが遅延していると感じたときにcpu/memory/ioのsome行を見る、といった使い方が考えられます。

12.3.5　しきい値による非同期での監視

　時間範囲とストール時間のしきい値を/proc/pressure/配下のファイルに書き込

むと、そのしきい値を超えたときにpollやselectなどで非同期イベント（POLLPRI）を受信できます。

例えばecho "some 150000 1000000" > /proc/pressure/memoryを実行すると、someにおいて1秒間で150ミリ秒を超えた場合に非同期イベントを発行します。詳細は以下のURLを参照してください。

・https://docs.kernel.org/accounting/psi.html

12.3.6 cgroup

cgroup v2でマウントされているディレクトリ（/sys/fs/cgroupなど）にサブディレクトリを作成すると、その配下にcpu.pressure、io.pressure、memory.pressureファイルが作成されます。ただしその場合も計測対象がcgroupのタスクになるだけで、内容は/proc/pressure/配下のファイルと同じです。

12.4 hwlat

hwlatとはhardware latency tracerの略であり、ハードウェアやファームウェアの割り込みにより発生する遅延を検出するための特別なトレーサです。それほど頻繁に使うことはない機能ですが、リアルタイム性能を追求するときやリアルタイムプロセスの信頼度を測るときには役立つはずです。リアルタイム性能の1つの指標として利用するとよいでしょう。

hwlatはもともとリアルタイム（PREEMPT_RT）パッチという、プリエンティブルなLinuxカーネルに変更し、リアルタイム性を高めるパッチに含まれていました[3]。hwlatは、このリアルタイムパッチのトレーサ部分だけをLinuxカーネルに取り込んだものです。

12.4.1 遅延検出の仕組み

hwlatdカーネルスレッドを起動し、1つのCPU上でビジーループを実行します。このときCPU使用率は100%となります。

ビジーループではCPUタイムスタンプカウンタを2回読み込みます。マシンにもよりますが、タイムスタンプカウンタの読み込みは10マイクロ秒以下で終わる処理で

※3：https://wiki.archlinux.jp/index.php/リアルタイムカーネルパッチセット

す。しかし、まれに遅延が発生して、100マイクロ秒以上かかることもあります。これはハードウェアやファームウェアの割り込みが影響するためです。

　割り込みが発生すると、その割り込みに対応した処理が動作します。この割り込み処理は他のカーネルの処理よりも優先的に動き、かつ、カーネルからは一時的に割り込みを発生させないなどの制御ができません。

　x86アーキテクチャを例にすると、具体的にはSMI（System Management Interrupts）やNMIという割り込みがあります。SMIは熱センサーやファンの管理といったイベントを通知するものであり、このSMIを受信するとCPUはSMM（System Management Mode）と呼ばれるモードに入り、遅延が発生してしまいます。

　hwlatでこの遅延の解消はできませんが、どの程度の遅延が発生するかを把握して、リアルタイム性の精度を見積もることができます。

12.4.2 hwlat の使い方

　hwlatはLinux 4.9から使用できます。使用にあたってはカーネルコンフィグ `CONFIG_HWLAT_TRACER`を有効にする必要があります。

　まずは以下のコマンドを実行して、hwlatのトレースを有効にします。これらはrootで実行する必要があります。

```
# echo hwlat > /sys/kernel/tracing/current_tracer
# echo 100 > /sys/kernel/tracing/tracing_thresh
```

　`tracing_thresh`は遅延と判断する時間のしきい値であり、単位はマイクロ秒です。今回は100マイクロ秒に設定しました。なお、`tracing_thresh`が0の場合はデフォルトの10マイクロ秒になります。

　他にも、以下のパラメータがあります。

- /sys/kernel/tracing/hwlat_detector/width
- /sys/kernel/tracing/hwlat_detector/window

　`width`はhwlatdカーネルスレッドがビジーループする時間です。デフォルトは500,000マイクロ秒（0.5秒）です。`window`はhwlatdの実行時間で、デフォルトは1秒です。

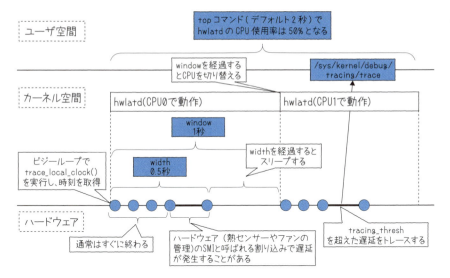

図12.6　hwlatdの動作と仕組み

図12.6にあるとおり、windowの時間が過ぎると、hwlatdカーネルスレッドが動作するCPUを順に切り替えます。CPU_0からCPU_3まで4つのCPUがあった場合は、まずはCPU_0で動作し、次はCPU_1で動作します。そしてこれをCPU_0〜CPU_3の順で繰り返します。

この動作CPUの範囲は、/sys/kernel/tracing/tracing_cpumaskで設定できます。Linux 5.14からは/sys/kernel/tracing/hwlat_detector/modeが実装され、この値をnoneに設定することでこのCPUの切り替えを無効にできます。また、per-cpuを設定することでCPUごとに1つのhwlatdカーネルスレッドが作成され、それらのスレッドは同時に動作するようになります。なお、マシンの負荷が高くなるため、per-cpuの設定には注意してください。

それではhwlatのトレースを見てみましょう。/sys/kernel/tracing/traceや/sys/kernel/tracing/trace_pipeにトレース結果が出力されます。

```
# cat /sys/kernel/tracing/trace
# tracer: hwlat
#
# entries-in-buffer/entries-written: 34/34    #P:8
#
#                                _-----=> irqs-off
#                               / _----=> need-resched
#                              | / _---=> hardirq/softirq
#                              || / _--=> preempt-depth
#                              ||| /     delay
#           TASK-PID     CPU#  ||||    TIMESTAMP  FUNCTION
#             | |         |    ||||       |          |
        <...>-1207165 [002] d... 6481171.694767: #1    inner/outer(us): ⏎
191/33   ts:1674718743.021479418 count:1
        <...>-1207165 [006] d... 6481175.726777: #2    inner/outer(us): ⏎
27/211   ts:1674718747.021442270 count:1
[...]
        <...>-1207165 [001] d... 6481194.878781: #12   inner/outer(us): ⏎
35/203   ts:1674718766.021484493 count:1
        <...>-1207165 [004] d... 6481197.902783: #13   inner/outer(us): ⏎
28/218   ts:1674718769.021455458 count:1 nmi-total:2 nmi-count:1
```

※誌面の都合上、⏎で改行しています。

　tracing_threshの時間を超えた遅延があるとログが出力されます。inner/
outer(us):でinnerとouterの時間が出力されます（単位はマイクロ秒）。innerと
outerの意味は、hwlatdが1回のループでCPUタイムスタンプカウンタを2回取得して
おり、この時間差の計測箇所の違いになります。

　以下はhwlatdのループ処理を示したもので、innerとouterの計測範囲を示してい
ます。nmi-total:はNMI割り込みの処理にかかった時間（単位はマイクロ秒）であり、
nmi-count:は計測中に割り込んだNMIの数です。

```
while (run) {
    start_ts = trace_local_clock();     // CPUタイムスタンプカウンタ取得
    end_ts = trace_local_clock();
    if (!first && start_ts - last_ts > thresh)    // start_ts - last_tsがouter
        record_outer();
    if (end_ts - start_ts > thresh)     // end_ts - start_ts が inner
        record_inner();
    last_ts = end_ts;
    first = 0;
}
```

　hwlatのトレースを無効にするには、以下のようにnopを書き込みます。

```
# echo nop > /sys/kernel/tracing/current_tracer
```

12.5 eBPF

eBPFとはユーザが作成したプログラム（eBPFプログラム）をLinuxカーネル内のサンドボックス（隔離／保護された）領域で、安全、かつ高速に実行できる機能です。eBPFプログラムにより、カーネルの機能を安全に拡張できます。

以前までカーネルの機能を拡張するには、カーネルを直接修正したり、カーネルモジュールを作成したりしました。カーネルを直接修正した場合は、カーネルコンパイルと再起動が必要です。カーネルモジュールも動作するカーネルのソースコードを使ってコンパイルが必要となり、カーネルが変更されるたびに再コンパイルが必要な場合もありました。どちらも手間がかかり、またこれらコードに間違いがあると、カーネルがクラッシュして再起動する、ということもよくありました。

しかしeBPFでは、そのようなことがなくなります。カーネルのコンパイルは不要であり、カーネル内のVeriferと呼ばれる検証エンジンによりeBPFプログラムは安全に実行されます。そのため、eBPFプログラムによりカーネルをクラッシュさせることはありません。

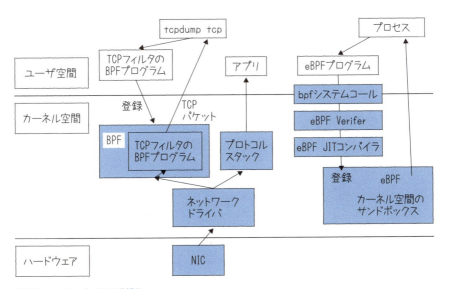

図12.7 tcpdumpとeBPFの仕組み

eBPFについてイメージがわかない場合は、パケットキャプチャツールであるtcpdumpをもとに考えてみましょう。tcpdumpでTCPパケットだけを表示するときに

は、tcpdump（libpcap）でTCPパケットをフィルタリングするプログラムをカーネルに登録します。カーネルはそのフィルタプログラムで送受信されるパケットを検査し、TCPパケットと判断したものをtcpdumpに返します。これはカーネルにパケットのモニタリング機能を追加したことになります。このときのフィルタプログラムはBPF（Berkeley Packet Filter）を利用しているため、BPFプログラムと呼ばれます。

なおtcpdumpの-dオプションでBPFプログラムを確認できます。バイナリコードのためアセンブラで出力されます。

```
$ sudo tcpdump -d tcp
(000) ldh      [12]
(001) jeq      #0x86dd          jt 2 jf 7
(002) ldb      [20]
(003) jeq      #0x6            jt 10 jf 4
(004) jeq      #0x2c           jt 5 jf 11
(005) ldb      [54]
(006) jeq      #0x6            jt 10 jf 11
(007) jeq      #0x800          jt 8 jf 11
(008) ldb      [23]
(009) jeq      #0x6            jt 10 jf 11
(010) ret      #262144
(011) ret      #0
```

eBPFはこのBPFを拡張したものです。eBPFは2014年から開発され、Linux 3.18にbpfシステムコールが実装されましたが、現在に至るまで機能が追加され続けています。具体的にはkprobeにアタッチする機能が追加されたり、eBPFプログラムによるトレースが柔軟になったり、eBPFプログラムがLinux Security Module（LSM）カーネルインタフェースを利用できるようになってセキュリティ機能も提供可能となったりしています。

eBPFの機能一覧やカーネルの対応バージョンは以下のURLにまとめられています。興味がある方は確認してみてください。

・https://github.com/iovisor/bcc/blob/master/docs/kernel-versions.md

BPFがネットワークのパケットフィルタだけであるのに対し、eBPFはこのように幅広い機能を提供しています。上で説明したトレース、セキュリティの他に、eBPFを利用するXDP（eXpress Data Path）の高速ネットワーク処理、メトリクスの収集によるオブザーバビリティ、モニタリングも可能です。そしてJITコンパイラにより、最小限のオーバーヘッドでeBPFプログラムは実行されます。

このように幅広い機能と高速であるため、例えば以下のようなプロジェクトで

eBPFが活用されています。

- Cilium：ネットワーク、オブザーバビリティやセキュリティ機能
- Hubble：Kubernetesのネットワーク、セキュリティオブザーバビリティ
- CNCF Falco：Kubernetes脅威検知エンジン
- FacebookのL4 katranライブラリ：L4ロードバランサー
- parca：プロファイリングツール

また2021年半ばには、Linux FoundationでeBPF Foundationが設立され、Facebook、Google、Isovalent、Microsoft、Netflixが当初より参加しています。今後ますますeBPFの発展は加速し、eBPFの活用は増えることでしょう。

ここからは実際にeBPFの利用例を見ていきますが、本来は何らかの目的があり、それがコマンドや、procfs、debugfsなど既存の機能で実現できないとなった場合に作成するのがeBPFプログラムです。eBPFプログラムを作成するには、カーネルを変更できるだけの知識と、目的によってカーネル内部におけるプロセスの扱い、そしてネットワークの知識などが必要です。そのためここではeBPFによるカーネルの機能拡張の例となるサンプルを紹介するに留めます。

12.5.1 bpftrace

コミュニティからeBPFを使ったトレースツール群の**bpftrace**パッケージがリリースされています。ここではこの中からいくつかのツールを紹介します。

bpftraceとはeBPFのためのトレース言語です。bpftraceパッケージで提供されているツールはこのbpftraceを使った簡単なスクリプトのようになっているためツールの中身を確認することができ、参考にして新しいツールを作成することも可能です。

capable.bt

capable.btは、kprobeでcap_capable()にフックしています。なお、cap_capable()は個々のケーパビリティがあるか確認するカーネルの関数です。

一般ユーザでアクセス権限のないディレクトリを見てみます。

```
$ ls /sys/kernel/debug/
ls: ディレクトリ '/sys/kernel/debug/' を開くことが出来ません: 許可がありません
```

このように許可がないということは、何らかのケーパビリティが設定されてないと

いうことです。ここで事前に別のターミナルでcapable.btを実行しておくと、以下
のような出力がされます。

```
$ sudo /usr/share/bpftrace/tools/capable.bt
Attaching 3 probes...
Tracing cap_capable syscalls... Hit Ctrl-C to end.
TIME      UID    PID      COMM           CAP  NAME                  AUDIT
[...]
09:36:12  1000   816217 ls              2    CAP_DAC_READ_SEARCH   0
09:36:12  1000   816217 ls              1    CAP_DAC_OVERRIDE      0
```

UIDが1000のユーザによりlsコマンドが実行され、CAP_DAC_READ_SEARCHと
CAP_DAC_OVERRIDEがなかったことが示されます[4]。

NAME列はCAP列の値を名前に変換しています。また、CAP列の2はCAP_DAC_
READ_SEARCHを示す値であり、1はCAP_DAC_OVERRIDEを示しています。AUDIT列
の値は、0が「auditイベントが発生する」ことを、1が「auditイベントが発生しない」
ことを、2は「auditイベントが発生し、さらにsetidシステムコール内でcap_
capable()が呼ばれた」ことを意味します。

このようにcapable.btを使用すると、必要なケーパビリティが簡単にわかります。

bashreadline.bt

bashreadline.btは、bashで実行されたコマンドを表示します。uprobesでbash
内のreadline()をフックしています。

```
$ sudo /usr/share/bpftrace/tools/bashreadline.bt
Attaching 2 probes...
Tracing bash commands... Hit Ctrl-C to end.
TIME      PID     COMMAND
10:55:33  102453 ls
10:55:35  102453 ls
```

bashreadline.btでいつ誰が、どのようなコマンドを実行したか把握できます。
このように、uprobesを使えばユーザ空間のトレースも可能です。

314

※4：個々のケーパビリティについてはman capabilities(7)を参照。

killsnoop.bt

killsnoop.btはkillシステムコールをトレースします。以下はkillsnoop.btを実行した状態でkill 2778660を実行したときの出力です。killシステムコールを実行したプロセスとシグナルの送信先が出力されています。このように、killsnoop.btを使用することでシグナル送信元を把握できます。

```
$ sudo /usr/share/bpftrace/tools/killsnoop.bt
Attaching 3 probes...
Tracing kill() signals... Hit Ctrl-C to end.
TIME      PID    COMM            SIG  TPID     RESULT
[...]
16:48:43  2646212 bash           15   2778660 0
```

bpftraceのツールは他にも多くあります。一覧とそれぞれの概要が以下のURLにあるので、興味がある方は確認してみてください。

・https://github.com/iovisor/bpftrace

12.5.2 カーネルソースコード内の eBPF サンプル

eBPFプログラムはbpftraceだけではありません。C言語で記述されたeBPFプログラムをClang/LLVMでコンパイルすることも可能ですし、BCC（BPF Compiler Collection）のライブラリを利用すると、PythonやC++でeBPFプログラムを作成できます。

C言語のeBPFプログラムのサンプルはLinuxカーネルのソースコード内にあります。

・https://github.com/torvalds/linux/tree/master/samples/bpf

カーネルのコンパイルの詳細は割愛しますが、`make M=samples/bpf`でサンプルを
コンパイルできます。例えば、`cpustat`は各CPUのCステートとPステートの時間を出
力します。

```
$ sudo ./cpustat
CPU states statistics:
state(ms)  cstate-0   cstate-1   cstate-2   pstate-0   pstate-1   ⏎
pstate-2   pstate-3   pstate-4
CPU-0      5          6          7          0          0          ⏎
0          0          0
CPU-1      11         387        9          0          0          ⏎
0          0          0
CPU-2      1135       174        9529       0          0          ⏎
0          0          0
CPU-3      212        239        10835      0          0          ⏎
0          0          0
CPU-4      390        223        10591      0          0          ⏎
0          0          0
CPU-5      337        152        10607      0          0          ⏎
0          0          0
CPU-6      258        214        10808      0          0          ⏎
0          0          0
CPU-7      352        275        10422      0          0          ⏎
0          0          0
```

※誌面の都合上、⏎で改行しています。

INDEX

■ A/B/C

Asan	282
bcache	110
binfmt_misc	245
bpftool	182
bpftraceパッケージ	313
brd	107
Btrfs	87
Buddyアロケータ	53
CFS	32
cgroup	268
Cgroup名前空間	252
containerd	256
CoW（Copy on Write）	149
CPU Affinity	238
CPU Isolation	241
cryptターゲット	132
CVE	200

■ D/E/F

DAC（Discretionary Access Control）	194
delayターゲット	131
devtmpfs	89
DMA	231
eBPF	311
EDF	41
ethtool	180
ext2	85
ext4	85
flakeyターゲット	128
ftrace	293

■ H/I/J

HDD	95
hwlat	307
I/Oスケジューラ	96, 98
init名前空間	253
inode	84
IOMMU	230, 231
IPC名前空間	252
ipコマンド	183
JVN	200

■ K/L/M

KASAN	282
kconfig	9
kpartx	125
KVM（Kernel-based Virtual Machine）	
	224
libvirt	240
linearターゲット	120
Linux Software RAID	114
Linuxカーネル	2
コンポーネント	3
バージョン遍歴	4
LOCKDOWN	213
LSan	287
LTSカーネル	5
LUKS	135
LV（Logical Volume）	140
LVM	140
MAC（Mandatory Access Control）	
	196
malloc()関数	46
Mount名前空間	252
MSan	288
Multipath TCP	186

■ N/O/P

Network名前空間	252
NIC（Network Interface Card）	
	162
nice値	36
NICドライバ	162
Normal World	197
O(1)スケジューリングアルゴリズム	
	38
OOMKiller	52
overlayファイルシステム	256
per-CPU variables	61
pid	247
PID名前空間	252
PSI	303
PSS	49
PV（Physical Volume）	140

■ Q/R/S

QEMU	225
readhead（先読み）	99
RSS	49
runc	256
seccomp	264
Secure Monitor	198
Secure World	197

■ T/U/V

TCP	163
TEE（Trusted Execution Environment）	
	197
thin LV	152
thin pool	152
Time名前空間	254
TrustZone	197
TSan	291
UBSan	289
UDP	164
USBGuard	205
User名前空間	254
UTS名前空間	255
VFAT	87
VFIO（Virtual Function I/O）	230
VFS	83
VirtIO	233
Virtqueue	236
Virtually Mapped Kernel Stack	
	72
vmalloc()関数	69
Vring	237
VSZ	49

■ W/X/Z

Wireshark	169
XDP	173
zram	109

■ ア行

アクセス制御	194
イーサフレーム	162
イベントトレース	298
オーバーコミット	50

■ カ行

カーネルイメージファイル	9
カーネル空間	17
カーネルコンフィグ	9
カーネルパラメータ	12
カーネルブートパラメータ	12
カーネルモジュール	13
関数トレース	293
完全仮想化	223
疑似ファイルシステム	88
ゲストOS	222
コンテキストスイッチ	28
コンテナ型仮想化	244

■ サ行

最小実行時間	33
先読み（readhead）	99
システムコール	18
準仮想化	223
準仮想化デバイス	105
スケジューリングポリシー	28
ストール時間	303
ストレージデバイス名	102
スナップショット	148
スラブ	55
スラブアロケータ	54
セクタ	95
ソケットインタフェース	162, 165

■ タ行

ターゲットレイテンシ	32
タイムシェアリングシステム	22
タイムスライス	22
デッドラインスケジューラ	41
デバイスマッパ	120

■ ナ行

名前空間	247
難読化	201
ネットワーク	162

■ ハ行

ハードウェアアクセラレータ	224
ハードウェア仮想化	222
ハイパーバイザ	222
ファイアウォール	194
ファイルシステム	76
ファイル配置	76
プロセススケジューラ	22
ブロック層	95
プロトコル	162
ベアメタル型ハイパーバイザ	223
ペイロード	162
ホストOS	222
ホスト型ハイパーバイザ	222
ボリュームマネージャ	140

■ マ行

メモリ管理	46
メモリファイルシステム	88

■ ヤ行

ユーザ空間	17

■ ラ行

ラウンドロビン時間 40

リアルタイムグループスケジューリング

40

リアルタイムスケジューラ 36

リバースエンジニアリング 201

ルートファイルシステム 7

■ ワ行

割り込み 16

著者について

市川 正美（いちかわ・まさみ）

サイバートラスト株式会社のLinuxエンジニア。組み込み向けLinuxディストリビューション開発やCIPプロジェクトのカーネルチームにて活動。最近は大学院にて情報セキュリティを研究している。

大岩 尚宏（おおいわ・なおひろ）

サイバートラスト株式会社のLinuxエンジニア。最近は主に組み込みLinuxにおいて調査、不具合の解析をしている。共著書に「Debug Hacks」（オライリー・ジャパン）、「Linuxカーネル Hacks」（オライリー・ジャパン）、共訳書に「デバッグの理論と実践」（オライリー・ジャパン）、技術監修書として「Effective Debugging」（オライリー・ジャパン）、「HTML5 Hacks」（オライリー・ジャパン）など。

島本 裕志（しまもと・ひろし）

日本電気株式会社で、ネットワークインフラ開発を通じLinuxカーネル開発に関わる。Linuxサーバ上でのリアルタイムシステム構築についてカーネル観点からの支援などを行っている。共著書として「Linuxカーネル Hacks」（オライリー・ジャパン）。

武内 覚（たけうち・さとる）

サイボウズにおいてストレージシステムを開発している。かつてはLinux開発者だった。単著として「Linuxのしくみ」（技術評論社）。

田中 隆久（たなか・たかひさ）

サイバートラスト株式会社のLinuxエンジニア。プロジェクトで活用した技術を深堀りしながら、Kubernetes認定資格や第一級陸上特殊無線技士免許を取得するなど技術のアンテナを広げて何か面白いことができないかを考えている。

丸山 翔平（まるやま・しょうへい）

サイバートラスト株式会社のエンジニア。組み込み機器やサーバ用セキュリティ製品やSBOMの作成・管理・診断システムなどを開発。

装丁＆本文デザイン	NONdesign 小島トシノブ
装丁イラスト	山下以登
DTP	株式会社 アズワン
編集	山本智史

絵で見てわかるLinuxカーネルの仕組み

2024年10月23日　初版第1刷発行
2024年12月20日　初版第2刷発行

著　者	市川 正美（いちかわ・まさみ）
	大岩 尚宏（おおいわ・なおひろ）
	島本 裕志（しまもと・ひろし）
	武内 覚（たけうち・さとる）
	田中 隆久（たなか・たかひさ）
	丸山 翔平（まるやま・しょうへい）
発行人	佐々木幹夫
発行所	株式会社翔泳社（https://www.shoeisha.co.jp）
印刷・製本	株式会社ワコー

©2024 Masami Ichikawa, Naohiro Ooiwa, Hiroshi Shimamoto, Satoru Takeuchi, Takahisa Tanaka, Shohei Maruyama

※ 本書は著作権法上の保護を受けています。本書の一部または全部について（ソフトウェアおよびプログラムを含む）、株式会社翔泳社から文書による許諾を得ずに、いかなる方法においても無断で複写、複製することは禁じられています。
※ 本書のお問い合わせについては、iiページに記載の内容をお読みください。
※ 造本には細心の注意を払っておりますが、万一、乱丁(ページの順序違い)や落丁(ページの抜け)がございましたら、お取り替えいたします。03-5362-3705 までご連絡ください。

ISBN978-4-7981-7784-7　　　　　　　　　　　　　　　Printed in Japan